# 超低氮天然气催化燃烧技术和应用

## Technology and Application of Catalytic Combustion of Natural Gas for Ultra Low Nitrogen Oxides Emission

张世红 [法]Dupont Valerie 张 杰 师兴兴 [英]Williams Alan 著

中国建筑工业出版社

**图书在版编目（CIP）数据**

超低氮天然气催化燃烧技术和应用/张世红等著. —北京：中国建筑工业出版社，2019.6
ISBN 978-7-112-23524-7

Ⅰ.①超… Ⅱ.①张… Ⅲ.①天然气-催化-燃烧 Ⅳ.①TE646

中国版本图书馆 CIP 数据核字(2019)第 055345 号

天然气催化燃烧是一种新技术，具有高效节能、排放物近零污染的特点，与传统能源使用相比，具有很强的环保优势；与其他新能源相比，经济性优势很明显。

通过反应器实验与数值模型相结合，推导出了计算滞止点流动反应器（SPFR）内固-气异相反应动力学速率的新方法，根据分步化学机理方法模拟出的结果可以得出，铂表面的异相反应抑制了气相氧化反应的程度，并且提高了单相点燃的表面温度。

在 SPFR 内对多晶铂箔片，其后对在不锈钢箔片上含有铂、铑以及钯催化剂的涂层上进行其活性的研究，本书还针对 $CH_4$ 和 $SO_2$ 的贫氧化反应分别提出了相应的一阶段和二阶段化学反应机理。

在此理论的指导下，已进行了多种天然气催化燃烧装置的设计和研究，以此为基础研究出了天然气催化燃烧炉窑，将催化燃烧炉窑应用到陶材料和琉璃的烧制中，并分析了温度对烧制琉璃及污染物排放的影响。

天然气低碳催化燃烧为促进产业升级，以及能源与环境的协调发展探索了一条积极的道路，而且还能够带动相关产业的发展。

本书可供从事动力工程、燃烧、供热、化工、制冷空调及能源工程和热物理等专业的本科生、研究生及专业人士使用，也可作参考书。

责任编辑：李玲洁　田启铭
责任校对：赵　颖

**超低氮天然气催化燃烧技术和应用**
Technology and Application of Catalytic Combustion
of Natural Gas for Ultra Low Nitrogen Oxides Emission
张世红　[法]Dupont Valerie　张　杰　师兴兴　[英]Williams Alan　著
*
中国建筑工业出版社出版、发行（北京海淀三里河路 9 号）
各地新华书店、建筑书店经销
北京红光制版公司制版
天津翔远印刷有限公司印刷
*
开本：787×1092 毫米　1/16　印张：5¾　插页：1　字数：110 千字
2019 年 6 月第一版　2019 年 6 月第一次印刷
定价：**29.00** 元
ISBN 978-7-112-23524-7
(33809)

# Preface

We are delighted to write a foreword to this exciting book which presents the results of a comprehensive investigation into the catalytic combustion of natural gas as a near zero emissions technology for potential use in domestic boilers. Catalytic combustion has been known since 1818, the year in which Sir Humphrey Davies observed that coal-gas and oxygen were able to sustain a combustion reaction on a platinum wire in the absence of a flame, giving off thermal radiation from the wire in its place. The advantage of burning gaseous fuels completely, that is, without forming carbon monoxide or leaving fuel unreacted, and flamelessly in a large excess of air, and at temperatures below the threshold of nitrogen oxides formation, has been exploited in many combustion applications since the 1970s. The technology showed a slow uptake in commercialisation due to the high cost and limited lifetime of the supported noble metal catalysts required for the catalytic oxidation reactions, the comparatively low cost of competing conventional combustion burners, and the then lenient legislation on $NO_x$, CO and unburnt hydrocarbon emissions. But as the decades passed, the stability and costs of the materials for catalytic combustion improved enormously, often benefiting from the knowledge gained from the related technology of the catalytic oxidation for motor vehicle exhausts converters, as well as improvements in catalyst manufacture processes. With growing concerns over both urban and indoor air quality, increases in population in many parts of the world and fast growing economies resulting in increased demands in heat and power from the industry, commercial and domestic sectors, the more mature catalytic combustion becomes attractive to the environmentally conscious countries and legislators. In addition, the combustion and thermal efficiencies of the fuel-lean catalytic burners are larger than those of conventional combustion, offering a low-carbon energy technology in addition to its zero emission claims, potentially helping countries fulfilling their wish to reduce carbon emissions. To date, commercial catalytic burners or combustors can be found in space heaters, process heaters, gas turbines, cookers, and water heaters, and many handheld small-scale heating devices such as cordless hair dryers, or hand warmers. Most large natural gas distributor companies as well as gas turbine manufacturers have a significant programme of research into catalytic combustion. Catalytic burners are also able to burn most hydrocarbon gaseous fuels, with little sensitivity to their sulphur content as long as the combustion temperature is above approximately 800 °C where the sulphur oxides no longer bind to the surface and cannot poison it. This book presents the results of fundamental research carried out by the authors in the department of Fuel and Energy at Leeds University, UK, and continued later on with a practical applications approach in the Thermal Fluids Division of the Beijing University of Civil Engineering and Architecture (BUCEA). This is reflected in the early chapters authored by the Leeds team, which relied heavily on Dr S. -H. Zhang's PhD thesis work on honeycomb platinum and palladium coated monolithic catalytic burners, and the later chapters authored by the BUCEA team, when Dr Zhang returned upon completion of her thesis and set out to incorporate catalytic burners in domestic water heaters and investigate their thermal efficiency, zero pollutant claims, and perhaps most importantly their stability and longevity, without which its commercialisation could not be envisaged. It is a considerable feat of dynamism that Dr Zhang has been able to communicate her knowledge, enthusiasm and faith for this technology to the remaining authors of the BSCA team, resulting over the years, in the long term demonstration of several catalytic burners in a domestic boiler setting, certified with zero pollutant emissions. We are proud of having contributed to the foundations of this feat and by the publication of this book, we would hope to increase the number of converts to the clean technology of catalytic combustion.

Dr. Valerie Dupont
(PhD Leeds University,
INSA Lyon Energy Engineering,
member of The Combustion Institute, member of the American Chemical Society)

Professor Alan Williams
(Commander of the British Empire-CBE,
Fellow of the Royal Academy of Engineering-FREng,
BSc, PhD (Leeds), CEng, CChem, FRSC, FEI, FIGEM, FRSA)

# 序　言

这本书深入探究了天然气催化燃烧近零排放技术在家用锅炉中应用的前景，我们很高兴为此书撰写序言。1818年，汉佛瑞·戴维斯爵士（Sir Humphrey Davies）观察到催化燃烧现象，他发现在没有火焰的情况下，煤气与氧气依然可以在铂丝上保持燃烧状态，并通过铂丝进行热辐射作用。催化燃烧有很多的优点：首先气态燃料可以完全燃烧，因此不会产生一氧化碳，也不会有燃料剩余未进行燃烧；其次在空气过量的情况下，燃料可以无焰燃烧；并且催化燃烧时的温度低于氮氧化物形成时的温度，因此燃料燃烧后不会有氮氧化物形成。自20世纪70年代开始，催化燃烧的优势在随着燃烧应用的开发也逐步被人们所发现。由于催化燃烧需要贵金属作为催化剂具有高成本、有效期有限等特点，而与之相较传统燃烧炉的花费低廉，以及人们开始意识到对于$NO_x$、CO和未完全燃烧碳氢化合物排放的立法规定过于宽松等原因，催化燃烧技术才开始慢慢地趋向于商业化。但是经过几十年的发展，人们对于汽车尾气转换器相关技术已经有了更进一步的认识，并且催化剂的制造工艺也有所改良，因此，催化燃烧材料的稳定性与成本得到了很大的改善与控制。世界各地人口激增以及经济的迅速增长导致了工业、商业以及企业对于热能与电力的需求急剧上升，但是，随着人们对于城市与室内空气质量关注的增多，催化燃烧技术广泛地受到具有环保意识的国家以及立法人员的关注。另外，催化燃烧炉的燃烧效率与热效率比普通燃炉要高效很多，它不仅能够到达零污染物排放，还为我们提供了一项能源低碳应用技术，可以为国家减少碳排量。迄今为止，空间加热器、过程加热器、燃气涡轮、炉灶以及热水器已经开始应用催化燃烧炉、燃烧室，而一些小型便携的加热设备，如：电池式头发烘干器、暖手器等，也逐渐开始使用催化燃烧技术。很多天然气输配公司和燃气涡轮制造商在催化燃烧领域有很多重要的研究计划。催化燃烧炉可以燃烧大部分气态碳氢化合物燃料，但是对于燃气的含硫量有些敏感，不过只要能够保证燃烧温度大于800℃左右就可以防止硫对催化燃烧炉的影响，因为当达到这个温度时硫氧化物不会滞留在催化剂表面使其污染。这本书前部分的基础研究结果是由英国利兹大学燃料与能源系的作者们所发表的，而之后的实践应用方法是在北京建筑大学（BUCEA）热工流体组继续进行的。在前部分由利兹大学团队撰写的章节中，很大一部分成果都是基于张世红博士对于镀铂和钯蜂窝状催化燃烧炉研究的博士论文中的工作。之后由北京建筑大学（BUCEA）团队撰写的章节中，张世红博士完成了论文并开始对催化燃烧器在家用热水器中的应用进行研究，探究它们的热效率与零污染排放的事实，更重要的是，张博士对于催化燃烧器的稳定性以及使用寿命也进行了研究。催化燃烧炉在商业方面的应用，很多原因都是基于这些研究成果。张世红博士将她所得的学识、热情以及对于这项技术的信心与其他 BSCA 团队的作者们分享。日积月累，通过长期反复研究催化燃烧炉在家用锅炉装置中的应用说明，催化燃烧炉确实可以达到零污染物排放。我们为能够对催化燃烧的研究以及此书的出版有所贡献而感到十分荣幸，我们也希望催化燃烧的清洁技术在未来可以加强改进。

瓦勒里·杜邦博士（Dr. Valerie Dupont）

艾伦·威廉教授（Professor Alan Williams）

（英国皇家长官（CBE），英国皇家工程院院士）

# 前　言

目前能源消耗严重，造成能源危机的同时，环境污染也越来越严重。低碳环保的能源利用方式成为重要的解决途径。工业炉窑以天然气为主要燃料，能有效减少污染物的排放，然而，产生的 $NO_x$ 含量仍然较高，远大于国家允许的排放限值，因此，寻求有效的措施来降低天然气工业炉窑的 $NO_x$ 含量也是亟需解决的问题。目前，天然气的催化燃烧则被公认为有潜力降低 $NO_x$ 的技术之一。

研究贫甲烷/空气的混合气体在镀有贵金属的蜂窝独石中燃烧时的温度、稳定性、污染物排放等特性，通过对独石通道内部温度分布的分析，可以证明催化剂的作用不仅仅是使燃料混合物的点燃温度低于传统燃烧的极限，而且在稳定燃烧状态下，可以确保通过通道内部表面的一些反应，使燃料完全氧化生成二氧化碳。

通过反应器实验与数值模型相结合，推导出了滞止点流动反应器（SPFR）内固—气异相反应动力学速率的新方法，根据分步化学机理方法模拟出的结果可以得出，铂表面的异相反应抑制了气相氧化反应的程度，并且提高了单相点燃的表面温度。

在 SPFR 内对多晶铂箔片，其后对在不锈钢箔片上含有铂、铑以及钯催化剂的涂层上进行其活性的研究，本文还针对 $CH_4$ 和 $SO_2$ 的贫氧化反应分别提出了相应的一阶段和二阶段化学反应机理。

在此理论的指导下，已进行了多种天然气催化燃烧装置的设计和研究。在此基础上研究出了天然气催化燃烧炉窑，将催化燃烧炉窑应用到陶材料和琉璃的烧制中，并分析了温度对烧制琉璃及污染物排放的影响。炉内为强氧化气氛，烧制出来的琉璃以其纯净坚固的质地、富有旋律的造型以及光鲜亮丽的色彩，令人赏心悦目，研究其在建筑装饰和古建修复等工程中的可行性，对我国建筑的装饰和保护具有深远的历史意义。

炉窑中在烧物件时约 2 小时后催化燃烧烟气中的 CO、NO、$CH_4$ 等污染物接近零排放。催化燃烧炉窑的主要传热方式是热辐射。通过多次实验并与传统陶器烧制工艺的对比研究，发现催化燃烧炉窑适用于陶器的烧制，烧成的陶器成品表面细腻且充满质感，具有很高的艺术价值。通过将天然气催化燃烧炉窑烧制的陶器应用于河水的净化过程，得出陶器对河水有明显的净化作用，并且整个过程中无须添加任何药物，这对今后陶器在净水方面的发展有一定的参考价值。

衷心地感谢吴明瑜、倪维斗、岳光溪、张爱林、张启鸿、李德英、戚承志、王立、王随林、李俊奇、郝晓地、黄尚荣、李海燕、李锐、冯萃敏、张群力、赵希岗、张金萍、张庆春、于志洋、曹秀芹、刘艳华、张国伟、牛磊、杨光、王启才、周理安、熊玮、蒋方、张复兵、杜宏宇、曹勇、汪长征、梁凯、郭全、尹余生、毛亚林、郝学军、徐鹏、于丹、杨晖、周都、汤秋红、李大伟、那威、秦立富、姜军、赵建勋、黄忠臣、迟增信、王杰、黄华贞、李鹏、王维、王鸿川、冯丽萍、孙金栋、吴建国、张晓然、王万鹏、王立鑫、韩芳、陈亚飞、熊亚选、史永征、胡文举、姚远、刘守祥、王刚、聂金哲、穆连波和陈启超等专家和中机物联（北京）节能环保科技有限公司、北京北工施能燃烧设备研究院、中炉国际科技有限公司和无锡天美环保科技有限公司

对王祺、祝立强、贾方晶、任天奇、张瑞、魏美仙、白天宇、杨慧、樊旭、杨洛康、王福鹏、王泓钧、薛瀚文、叶嘉洲、杨超等同学参加了催化燃烧炉实验研究工作表示诚挚的谢意。

由于作者水平有限，恳请批评指正。

基金项目：

The Overseas Research Students Awards (joint funding The University of Leeds and the UK′s Engineering and Physical Sciences Research Council)

供热、供燃气、通风及空调工程北京市重点实验室基金

北京学者计划项目（No. 022）

北京未来城市设计高精尖创新中心基金

北京建筑大学市属高校基本科研业务费项目

# 目　录

# 符　号

| | |
|---|---|
| $\alpha$ | 燃料混合物的强度，$\frac{\dot{V}_{CH_4}}{(\dot{V}_{CH_4}+\dot{V}_{O_2})}$ |
| $\rho$ | 燃气密度，$kg \cdot m^{-3}$ |
| $\rho_0$ | 喷射器出口燃气密度（$x$=0cm），$kg \cdot m^{-3}$ |
| $\dot{\omega}_k$ | 组分 $k$ 的摩尔生成率，$mol \cdot cm^{-3} \cdot s^{-1}$ |
| $A$ | 实验用独石表面积 |
| $A_1$ | 催化燃烧器表面积 |
| $A_2$ | 炉膛壁面表面积 |
| $B_1$、$B_2$ | 天然气催化燃烧炉窑烧制琉璃瓦成品 |
| $C_1$、$C_2$ | 电炉烧制琉璃瓦成品 |
| $CV_{CH_4}$ | 燃料的转化率 |
| DET | 分步化学反应机理 |
| $DET^*$ | 优化 1 分步化学反应机理 |
| $DET_{HET}$ | 分步异相化学反应机理 |
| $DET_{HOM}$ | 分步单相化学反应机理 |
| $DET_{HET+HOM}$ | 施加测量的气体温度的分步异相/单相耦合化学反应机理 |
| $DET_{HET+HOM, ENRG}$ | 利用数值法解能量方程的分步异相/单相耦合化学反应机理 |
| $F$ | 燃烧表面对周围介质的角系数，本次实验为 0.8 |
| $F_k$ | 铂箔表面组分 $k$ 的质量通量，$kg \cdot cm^{-2} \cdot s^{-1}$ |
| GL | 综合化学反应机理 |
| $GL_{HET}$ | 综合异相化学反应机理 |
| $GL^*_{HET}$ | 优化 1 综合异相化学反应机理 |
| $GL^{**}_{HET}$ | 优化 2 综合异相化学反应机理 |
| $SEL_k$ | 生成物组分 $k$ 的选择性 |
| SPFR | 滞止点流动反应器 |
| $T$ | 温度，℃或 K |
| $U_0$ | 喷射器出口轴向速度（$x$=0cm），$m \cdot s^{-1}$ |

| | |
|---|---|
| $W_k$ | $k$ 组分的摩尔质量 |
| $X_{N_2}$ | 反应混合物中氮气的摩尔分数（$\dot{V}_{N_2}+0.79\dot{V}_{air}$）/$\dot{V}_{tot}$ |
| $Y_{CH_4,0}$ | 喷射器出口燃料质量分数（$x=0cm$） |

# 第1章 绪　论

能源是一个关系国家经济发展和国计民生的大问题。随着中国工业化进程的推进，伴随着化石能源的大量使用，经济水平大幅度提升，大气质量却连年下降，国内持续严重的雾霾天气笼罩着大地，越来越受到民众的关注。科学上来说，雾霾包括雾与霾两部分，其中雾是近地面上大气中水汽、小水滴或小冰晶凝结的气溶胶，它的形成会降低空气透明度，使可见度恶化，但是对人体没有太大的伤害；霾是由空气中的灰尘以及像硫酸、硝酸、有机碳氢化合物等的粒子经过相互作用产生的颗粒污染物（主要是 $PM_{2.5}$），对人体有很大的危害。

我国的能源存在特性和经济发展对煤和石油的长期依赖，导致二氧化碳的超负荷排放以及一系列的环境污染问题。天然气现在的用途主要是工业燃气炉窑、居民用灶具、天然气发电、天然气锅炉及天然气发动机等。尽管天然气属于清洁能源，但是这些应用在使用时的燃烧方式都是火焰燃烧。传统的火焰燃烧温度一般在 1500k 以上，在此高温条件下，空气中的氧气和氮气容易反应生成对人体都有害的 $NO_x$，同时甲烷的不完全燃烧会产生对环境有污染的一氧化碳，造成严重污染。火焰燃烧产生的污染物排放量较低，但这只是相对其他化石燃料而言。要想真正实现天然气的清洁利用，就需要通过改进燃烧技术，如分级燃烧、低氧燃烧、催化燃烧等，通过降低氧气的浓度或降低燃烧温度，达到减少氮的氧化物的生成。综合这几种常见的减少污染物排放的方法，由于催化燃烧是在贫天然气状态下氧化，能够保证燃料完全燃烧，燃烧效率接近 100%，而且在催化燃烧反应中，铂表面的异相反应抑制了气相反应，降低了催化燃烧的温度，使得空气中的氮气不参与反应，几乎不产生 $NO_x$，达到了近零污染，所以催化燃烧备受青睐。

## 1.1 催化燃烧技术

催化燃烧技术是一个新兴能源技术，是指可燃气体燃料在固体催化剂表面进行燃烧的新技术。催化燃烧反应属于多相催化反应中的完全氧化反应（深度氧化），与化学工业中应用的不完全氧化反应（轻度氧化）不同，催化燃烧反应使可燃气体分子完全破坏，生成最终产物二氧化碳和水，同时放出热量（傅忠诚，1984）。

研究催化燃烧技术的反应机理可以更好地帮助我们研究催化燃烧中气体分子与催化剂之间的相互作用，对于开发更高效、稳定、高寿命的催化剂具有很大意义。结合固体催化剂的燃烧过程可以分成三类：首先，通过（固-气）多相反应使燃料完全转变为二氧化碳的燃烧只在低温下发生；第二，通过多相反应释放的热量来支持单相燃烧的反应；第三，在中间温度同时进行的多相和单相氧化反应（Vlachos，1996）。

在催化剂表面上的气体反应物比无催化剂的相同反应的反应速率快，综合的催化反应的热力学与无催化反应相同。

广泛地采用异相催化反应，加快了化学反应速率，因为催化剂的作用是提供了具有较低活化能和可供选择的反应路径。首先反应物在催化剂表面被吸附，然后进行分解，进而复合成产物，最后产物从表面脱附。

异相与单相过程中反应路径的能量变化如图 1-1 所示。图中，反应物的能量高于产物的能量，表明进行的是放热反应过程。从图中可见，异相反应的活化能要低于单相反应的活化能，并且异相反应的步骤要更多一些。

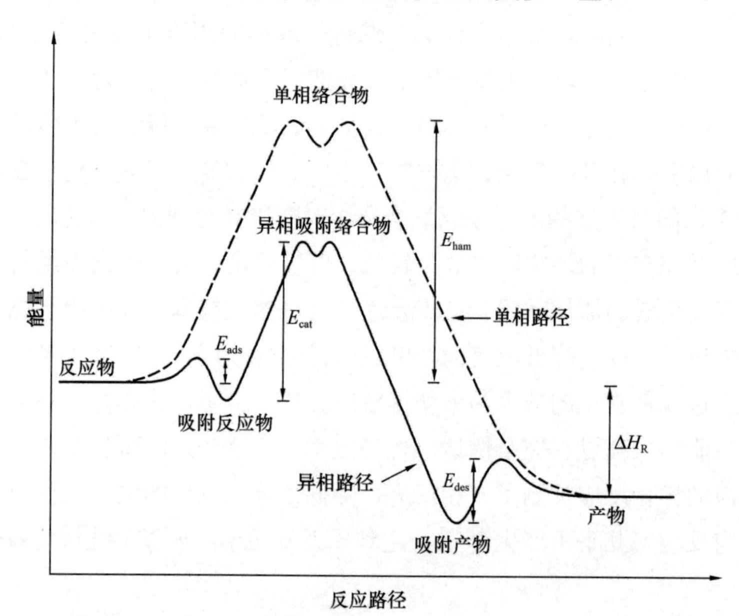


图 1-1　异相与单相反应过程中从反应物到产物能量的变化

（Hayes，Kolaczkowski，1997）

首先，反应物必须吸附到催化剂的表面（吸附过程），需要克服吸附的活化能 $E_{ads}$。反应物的吸附是放热反应，吸附后的反应物能量降低，形成一种吸附的络合物，络合物是一种中间体，再反应生成吸附的产物，吸附的产物需要再克服脱附反应的活化能 $E_{des}$，最后放出产物（脱附过程）。每一种不同的反应物和产物都有不同的起始能量以及吸附与脱附的活化能。反应的吸附特性与催化剂有关。

## 1.2　催化剂

目前，影响催化燃烧使用的问题主要在催化剂的价格和老化上，但随着对燃烧产物排放浓度控制的一系列严格法规的陆续出台，研究者们正积极致力于更加便宜、再生性能好、耐久性好的新型催化材料的研究。

但是，催化燃烧技术的推广面临的最大问题就是催化剂的寿命问题。在催化燃烧热量应用的领域中，往往催化剂的温度很高，会烧结或热失活。在燃烧应用中催化剂失活的机理有许多，被分成 6 种固有的机理如表 1-1 所示（Bartholomew，2001）。

**催化剂失活的机理**　　**表 1-1**

| 机理 | 类型 | 描述 |
| --- | --- | --- |
| 中毒 | 化学 | 有毒组分强烈吸附在催化剂的活性点上，阻碍催化反应的进行 |
| 堵塞 | 物理 | 流体状态的组分在催化剂表面和细孔中沉积 |
| 热降解 | 热 | 热引起了催化剂表面积、载体表面积和活性状态载体反应的衰减 |
| 水蒸气的形成 | 化学 | 催化剂上的气体反应产生了挥发性化合物 |
| 水蒸气-固和固体反应 | 化学 | 流体、载体或助催化剂与催化相的反应产生了非活性状态 |
| 磨损 | 物理 | 由于磨损造成催化材料的损失 |

例如，硫组分在输入流中的出现，对以铂为基础的催化剂中碳氢化合物的氧化有的起促进作用，也可能起抑制作用。

从 $SO_2$ 对铂、钯和铑的影响来看，大多数报道是降低了甲烷的转化率，是因为很强的被化学吸附的 $SO_2$ 形成或硫酸盐颗粒的附聚作用。

图 1-2 中硫中毒的研究中发现，其中毒敏感性很复杂，且依赖于许多因素，

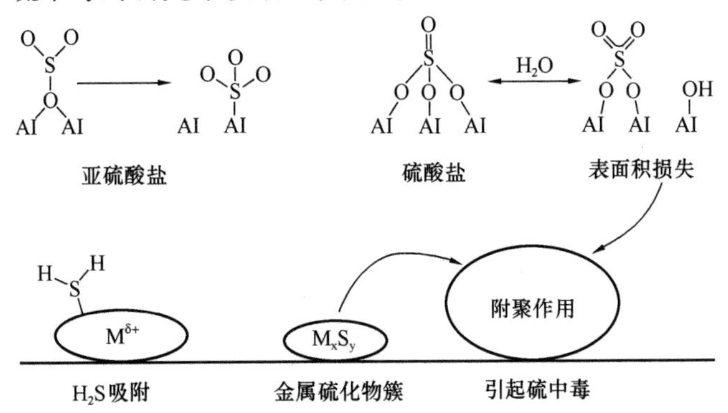


图 1-2　硫中毒可能的失活机理（Jones，et al，2003）

像弥散和其他气体的出现等。

天然气催化燃烧技术操作复杂，从点火到稳定燃烧会涉及多次空燃比的调配问题，如果能够改良催化燃烧的操作步骤，研发出一个简易高效的调控措施，研制更长寿、耐高温、性价比高的催化剂，那这将会对天然气催化燃烧技术的发展有极大的促进作用。

## 参考文献

[1] 傅忠诚，薛世达，李振鸣．燃气燃烧新装置[M]. 北京：中国建筑工业出版社，1984.

[2] Bartholomew C H. Mechanisms of Catalytic Deactivation[J]. Applied Catalysis A：General. 2001，212(1-2)：17-60.

[3] Hayes R E，Kolaczkowski S T. Introduction to Catalytic Combustion[M]. Gordon and Breach Science Publishers. 1997.

[4] Jones J M，Dupont V A，Brydson R，et al. Sulphur Poisoning and Regeneration of Precious Metal Catalyzed Methane Combustion[J]. Catalysis Today. 2003，81：589-601.

[5] Vlachos D G. Homogeneous heterogeneous oxidation reactions over platinum and inertsurfaces[J]. CES，1996，51(10)：2429-2438.

# 第 2 章　甲烷高温催化燃烧机理及 $H_2S$ 在输入流量中的影响

研究贫甲烷/空气的混合气体在镀有贵金属的蜂窝独石中燃烧时的温度、稳定性、污染物排放等特性。由于催化开始时对燃料进行了预热，所以使极贫单相气相燃烧的温度可低于 1500℃。当然还与在燃烧器的不同部位中的燃料/空气进入量不同有关。当燃料-空气混合物成分的选择使温度避免高于 1500℃时，就不会生成氮氧化物。

研究表明，只有当催化表面温度显著高于普通点燃温度时，气相燃料和空气混合物才会被点燃。既然催化反应延伸到了清洁和稳定氧化条件持续的范围，催化反应抑制了气相燃烧是合适的。独石燃烧器中观察到了抑制现象，并在滞止点流动反应器中的实验中抑制现象更加明显和详细。

## 2.1　催化燃烧实验装置

燃烧器的内部结构如图 2-1 所示。蜂窝孔独石的直径为 101.6mm，长（高）

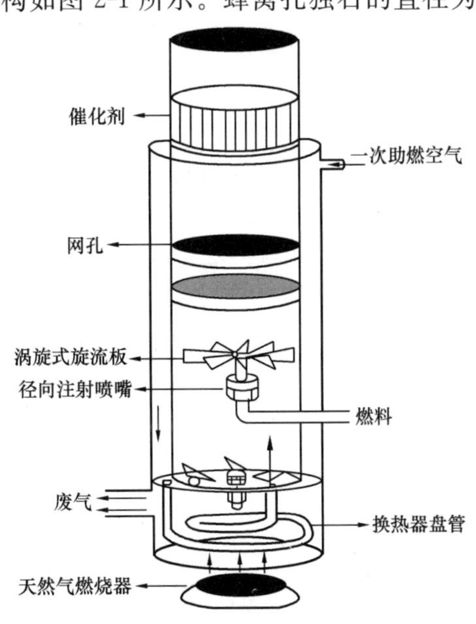


图 2-1　催化燃烧炉（高 510mm）

50.8mm；每平方英寸为400正方形状空腔（cpsi）相当于1.27mm边长的空腔。

这里被测试的独石均以堇青石为支持。涂层的活性组分主要基于$\gamma$-矾土。一块新独石，总表面积大约为$6250m^2$，活性组分中包含了不同含量的铂或钯。没有对独石施加缩减或氧化处理，故所有独石在运行之前都是新的。

沿着高度方向，用25mm厚的陶瓷纤维层包裹燃烧器，使其与外界隔离，保证燃烧器本体，直到它的开口端都处于准绝热状态。

在点火之前，借助位于燃烧器底部的燃烧气体热交换器中流动的热空气，催化剂得以预热，大约经过7min，当催化剂下的气体温度达到160～180℃时，预热终止。在独石上，当甲烷与空气的混合物达到一定浓度时，燃烧形成蓝焰，燃烧器底部的涡旋式喷嘴喷射就此完成点火。当独石通道内部温度升高时，催化剂内部开始红热，蓝焰就会逐渐消失。当催化剂达到稳定状态时，通过改变甲烷的流量调节来达到理想的极贫甲烷/空气混合气的比例。独石通道催化点火成功后，大约10min就进入稳定状态。

气体喷射系统采用了特别的设计，使燃料和空气实现了高度混合，并且使气体流速在整个独石横截面上都呈现均匀状态（如实验部分所示）。系统中具有两个涡旋式喷嘴（一个用来进空气，另一个用来进燃料），燃料呈放射状注入，在独石前面用两块不锈钢网制成整流栅，第一块不锈钢网上涂有石英珠。

在实验样品分析中，独石上面的开口端设有一个水平方向上可转动石英探针，通过加热聚四氟乙烯PTFE管连接氮氧化合物化学荧光分析仪，并通过未加热聚四氟乙烯PTFE管及水蒸气U形管连接一氧化碳/二氧化碳红外线分析仪和顺磁氧气分析仪。实验样品还要通过FID-GC分析仪，对未完全燃烧烃类做进一步分析。

“热点”红外线高温计对独石通道开口端的表面温度进行监测。至于独石通道内部温度，可以通过在独石的中心带分别插入直径为0.5mm和1mm两种类型的K-热电偶测得，两种类型的K-热电偶间隔明显畅通的三个通道。

一氧化碳、二氧化碳和氧气的测量误差小于±3%（相对的）。一氧化碳的浓度最低可测到3ppm，二氧化碳浓度为0.02%，氧气为0.2%，甲烷和氮氧化合物为1ppm。用红外线高温计测得的表面温度的不精确度为±50℃，热电偶温度计的不精确度为±20℃。

## 2.2 催化剂独石通道中的温度变化

直径为1mm的热电偶测量的是通道内壁温度，与相对的两通道壁之间的最大距离为1.27mm，这其中不计算涂层的厚度。尽管以下部分在关于测量问题上还存在一些不确定性因素，但与直径为 1mm 的热电偶有所区别，对于 0.5mm 的热电偶应测量的是通道气体温度。

热电偶只能从裸露在外的独石末端插入（或移动）。对于独石，当 1mm 热电偶接触到孔道上的至少一个通道管壁时，假设没有气体溢出热电偶，而且它的测量值可反应相邻通道的壁温，则可减少通道壁上的热传导。

0.5mm 热电偶要足够小，以至于气体能够把热量传递给它，但气体流速由于横截面上的 50%受阻而比畅通的通道要小，从而增加气体温度的偏差。此外，当热电偶从独石通道底部穿到上部时，由于增加了辐射面积，预计通道壁对于热电偶的辐射也将增加。当热电偶逐渐向独石通道的末端推进时，所测量的温度比气体温度更接近表面温度。因此，在独石柱的入口处，0.5mm 热电偶温度近似认为是气体温度。而且，由于处于较大的正梯度温度中，返回到热交接点的导热也使在独石通道低温区的“表面”和“气体”测量值升高。这样可以确保热电偶在流动方向进行测量而不是逆流方向，但是对气体温度测量特性却有不利影响。综上所述，无论是 1mm 还是 0.5mm 的热电偶所测“通道内壁面”和“气体”的温度值都是不真实的，而是通道反应区的温度，这是实验本身的重要结论（Rankin 等，1995）。这些温度绘制成图 2-2，它是在 2.2g/pc Pd 催化剂和选定的四个低温总流量下绘制的。

图 2-2 说明：在所测量的四个流量下，独石通道最高温度都介于 1100～1160℃，出现在蜂窝催化剂独石通道进口 15mm 范围内，这与红外高温计在此处的测量结果相吻合。随后的 25mm 范围内几乎没有发生化学反应，而是处于绝热状态，最后的 10mm 范围内也没有发生化学反应，但伴随了辐射热的损失。独石通道从进口到最后 10mm 处，1mm 热电偶测温要比 0.5mm 高，尤其是在独石入口处。而且，在蜂窝催化剂独石通道入口处，表面温度大于气体温度的趋势随着流速的增大而增加。流速增大后，表面温度和气体温度的最高值增大，且最高值出现在蜂窝催化剂的更深入处。对于绝大多数的独石通道，随着通道入口处初始温度的增加，温度的变化呈现出上升的趋势，之后有一个缓慢的平稳过程，然后，其下降的趋势随着气体流量的增大而减小。在出口处，当流量在 80～94L/min 时温度是最大值（约为 1040℃），当流量在 40L/min 时温度出现最小值（约为 780℃）。

这些研究可以扩展到相关测量和同种独石模型的建立上，以减短独石的长度（25mm、20mm、15mm）。如图 2-3（*a*）、（*b*），与图 2-4（*a*）、（*b*）所示，当流量为 40L/min 和 94L/min 时，得出 1mm 和 0.5mm 热电偶在独石通道前 25mm 和前 15mm 范围内的温度曲线。通过对独石长度的研究和对 5%甲烷－空气混合物之比的控制，结果没有检测到一氧化碳或不完全燃烧产物。这表明，当独石柱

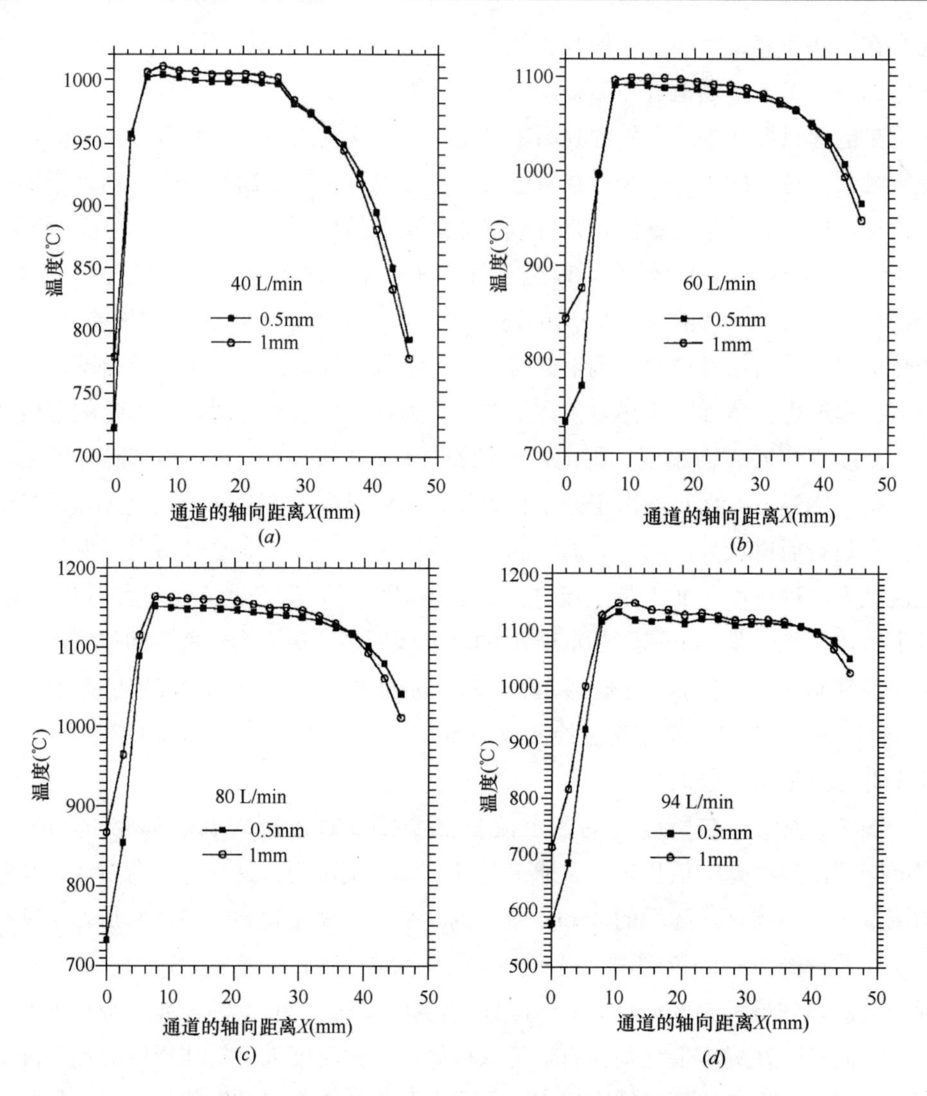


图 2-2　由直径为 0.5mm 和 1mm 的热电偶测得的蜂窝载体中心通道内的温度（℃）曲线，Pd 的含量为 2.2g/pc

（*a*）40L/min 的温度曲线；（*b*）60L/min 的温度曲线；（*c*）80L/min 的温度曲线；（*d*）94L/min 的温度曲线

的长度降为原来的 30％时，甲烷完全燃烧的产物可以接近于零污染。由图 2-3（*a*）、（*b*）可看出，它是对图 2-2（*a*）、（*d*）中温度曲线的复制，除了没有其中的平稳趋势段。为了找到温度峰值所对应的独石长度，减短了独石通道的长度，且没有给通道做保温层。尽管流量为 60L/min 和 80L/min 所对应的曲线并没有给出，但除了没有温度曲线的平稳趋势段，其他与图 2-2（*b*）、（*c*）中的分布图是一致的。从温度曲线图 2-4（*a*）、（*b*）可以看出，在 15mm 的独石柱上最高温度较低，但是其温度峰值比 50mm、25mm 的独石所对应的独石轴向长度更接近入口处。当流量一定且缩短独石长度时，入口处的气体温度和壁温之间的差别是增长的。相比，15mm 独石温度在出口端较低。这个结果表明，完全可以通过计算得出催化剂为达到稳定所需的最小长度和排放目标，从而可以降低催化燃烧器的成本（Dupont 等，2000）。

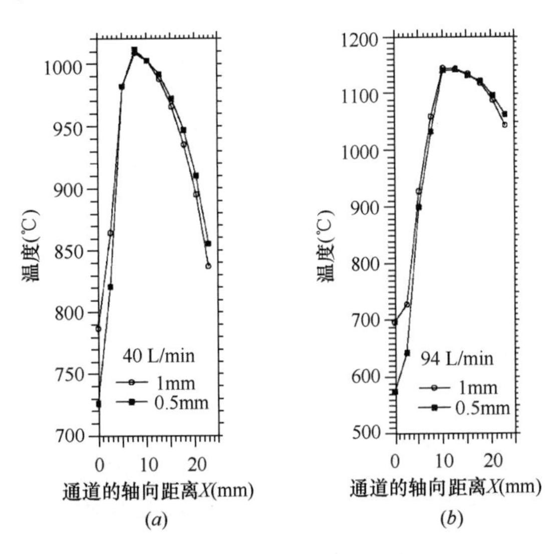


图 2-3　由直径为 0.5mm 和 1mm 的热电偶测得的蜂窝载体中心通道内的温度（℃）曲线，催化剂的长度为 25mm，Pd 的含量为 2.2g/pc

（*a*）40L/min 的温度曲线；（*b*）94L/min 的温度曲线

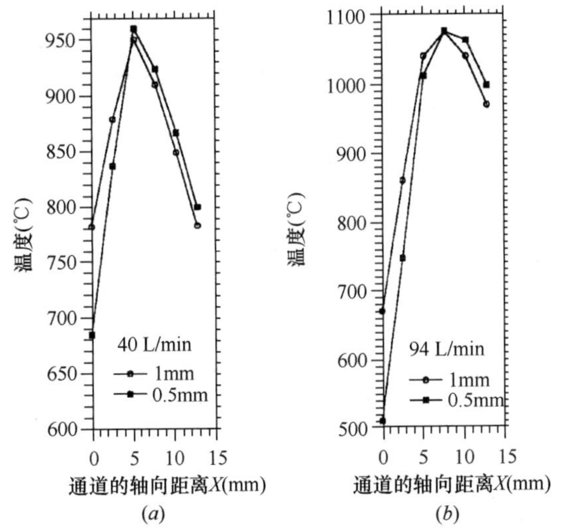


图 2-4　由直径为 0.5mm 和 1mm 的热电偶测得的蜂窝载体中心通道内的温度（℃）曲线，催化剂的长度为 15mm，Pd 的含量为 2.2g/pc

（*a*）40L/min 的温度曲线；（*b*）94L/min 的温度曲线

接下来，把 10ppm 的 $H_2S$ 分别注入到流量为 40L/min、60L/min 和 80L/min 且 5%甲烷-空气比的混合物中，独石燃烧温度和烟气排放产物几乎没有影响。

## 2.3 滞止点流动反应器中甲烷在铂表面上进行氧化反应的实验与模拟

在一个置于大气压下、稳态的滞止点流动反应器（SPFR）内的多晶铂箔上，对贫甲烷/氧气/氮气混合气体的燃烧进行了实验研究，同时用数值模拟方法重现了实验结果。甲烷转化率和一氧化碳选择性对铂表面温度的依赖是比较数值模拟与实验的基础。模拟运用了针对异相和单相氧化机理的综合和分步化学反应分子运动论。

实验中使用的 SPFR 示意图如图 2-5 所示。对铝支架连续供电，并通过用水冷却的铝支架给正方形铂箔（厚度为 7.5μm、边长为 13mm、纯度为 99.95%）电阻加热。在铂箔的背面点焊两根铂导线（直径为 50μm），用来测量两个导线接触点之间的电阻值，然后利用铂电阻温度测量法将电阻值转化为催化剂表面的温度值 $T_s$。利用红外高温测量发现，这一转化在表面温度超过 1073K 时是有效的，对于最高温度，这种转化方法的测量精确度只损失 20K。为了防止除直接暴露于反应物的铂箔表面（下表面）外的其他反应，将铂箔上表面完全覆盖上 2mm 厚的惰性陶瓷材料，并且用宽 10mm、厚 10mm 的陶瓷框架包裹在正方形铂片周围。这样达到了两个目的：使滞止点流动速度场扩展，超出铂箔的表面；并且将

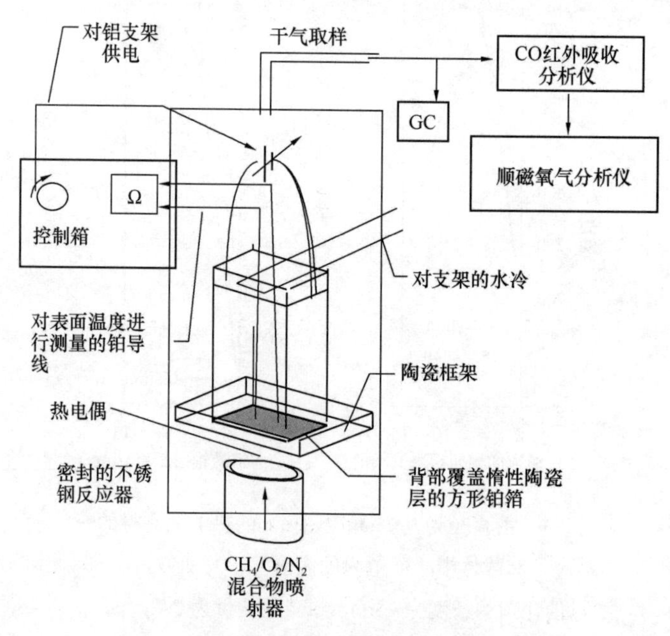


图 2-5　滞止点流动反应器实验装置示意图

气流同处于铂箔下游的铂导线相分离。反应混合物喷射器含有沿长度方向留下空间距离为 1cm.的不锈钢滤网。为确保喷射器出口的速度均匀分布，在距离喷射器出口 2mm 处设置极精细的不锈钢滤网。同时，为了使铂箔表面的面积与喷射器出口的面积接近一致，采用内径为 15.5mm 的喷射器出口。

所有实验中，保证低温气体反应物的入口速度为 8cm/s，并且保证喷射器到铂箔表面的距离为 10mm。使整个反应器在大气压下工作，并且使混合反应物在室温下被射入。操作中有时用到硅镀铂铑/13%热电偶（直径 50μm 的金属丝），将其放在距离铂箔表面不同位置的表面对称轴线上。通过比较放置和不放置热电偶两种情况的甲烷转化率曲线，表明热电偶的参与不会影响甲烷的转化。由于热电偶热接点对表面的热辐射和表面对热接点的热辐射的影响，热电偶的温度需要校正。甲烷、氧气和氮气的流量分别由质量流量控制器控制。电阻加热铂箔表面的预热作用增加了喷射器出口的速度。通过计算实际喷射器的进口速度（使用理想气体定律的校正参数来实现，这会在后面说明），出口速度的增加将在后面的模拟部分考虑到。反应器罩上的线性采样仪器由一个石英探头（标识：5mm）和紧接着的聚四氟乙烯管组成。石英探头用来采集通常的反应器废气样本。先用冰浴将采样中的蒸汽凝结，然后再利用顺磁分析仪分析氧气，并通过红外吸收技术分析一氧化碳。在得出燃料转化率和一氧化碳的选择性这两个结果的处理过程中，对测定水蒸气含量的仪器读数进行了修正。利用 FID-GC 不定时地对双碳 C-2 组分迹线进行间接分析，考虑到一氧化碳和二氧化碳是唯一含有碳元素的燃烧产物，得到的浓度表明实验的碳守恒误差可以精确到 0.5%以内。这样，通过得到产物一氧化碳的选择性，根据 100% 的差值，可以获得相应的二氧化碳的选择性。

在每次进行实验之前，对铂表面进行消除放射性污染处理（Fernandes 等，1999），即将铂箔上的实验混合物置于 6.77W/$cm^2$ 的恒定功率下 10min，使其表面的温度接近 1420K。但是，重复实验中显示催化剂的使用历史对一些实验结果有影响。铂箔的使用历史就是铂箔与反应混合物一起发生的热循环次数。在组成热循环的第一个部分中，每次对铂箔增加的电功率正好使表面温度升高不多于 50K，直至达到反应器加热技术要求的条件中给出的最大温度（通常在 1650～1800K，具体与铂箔的寿命有关）。这就会使燃烧状态超过单相点燃状态，这是以一氧化碳的初始形成和被测气体温度分布曲线形状的改变为标志的。热循环的第二部分是逐渐降低铂箔的供电功率，直至产物中的一氧化碳还原到零（燃料转化率是非零），这是以恢复到催化燃烧状态为标志的。在极度贫燃料的情况下，降低电功率也不能使处在催化燃烧状态下的燃料转化率恢复到以前的状态，而是直接导致燃烧熄灭。使用“循环（cycle）$i$”这一术语来描述每一次实验中铂箔的状态：$i$ 表示在记录实验之前，铂箔上完成的热循环的数量。在研究中，有三个参数变化，对燃料转化率和一氧化碳选择性的影响是不同的，为了探究它们对燃料转化率和一氧化碳选择性的影响，现将这三个参数列出：

（i）铂箔的老化，增加热循环次数 $i$；

（ii）燃料混合物的强度，不同的参数 $\alpha=\dfrac{\dot{V}_{CH_4}}{\dot{V}_{CH_4}+\dot{V}_{O_2}}$，对应不同的燃料强度。其中 $\dot{V}_k$ 是相关组分 $k$ 的输入体积流量和；

（iii）反应混合物中氮气的摩尔分数，$X_{N_2}$。

滞止点流动方案来源于 SPIN 程序，这一程序以 Evans 和 Greif 在 1988 年提出的初始公式为基础，并由 Coltrin、Kee 和 Evans（1989）以及 Coltrin 等人（1991）发展壮大。此方案是利用混合牛顿迭代算法（Grcar 等，1986）解决反应器对称轴上组分、动量及能量守恒方程的差分近似法。除了径向速度以外（径向速度对半径的比率不依赖于半径），假设所有的流动参数和化学参数都是径向不变的，这样这些参数仅是从喷射器轴向距离的函数。这样的一维假设可以利用分步化学近似使问题得到相对快速的解决。要解决的问题包括处于喷射器与铂箔之间沿对称轴方向上的温度分布、轴向速度、径向速度对半径的比率、密度和组分浓度。也需计算出表面组分通量和由吸附性组分占据的活性点部分。

图 2-6 所示是数值模拟的 SPFR 截面图，是对一个特例进行的模拟（入口温度 $T_i=459\text{ K}$，$T_s=1502\text{ K}$，$\alpha=0.3$，$X_{N_2}=0.8739$），经计算轴向和径向速度后得到预测的速度矢量场。

在程序中考虑了气相多组分分子输运特性和热扩散特性（Kee 等，1986）。

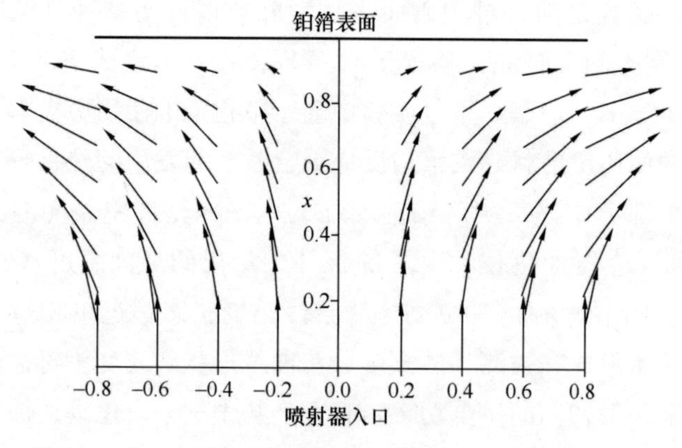


图 2-6　$T_i=459\text{K}$，$T_s=1502\text{K}$，$\alpha=0.3$，$X_{N_2}=0.8739$，入口速度 $U_{in}=8\text{cm}\cdot\text{s}^{-1}$（459K/298K）$=12.3\text{cm}\cdot\text{s}^{-1}$ 时模拟预测的流场

运用综合化学反应网格被精简为 87 个节点，运用分步化学反应网格被简化为 125 个。网格节点的空间密度是由梯度和曲率浓度分布曲线等级决定的。由于不灵活的方程和严格的边界条件所引起的收敛困难，曾经也有一些在最高的温度范围（>1640K）和较低氮气含量下运用综合化学反应论，获得较少的网格节点的例子。过去也验证了，在这些例子中，对精确计算燃料转化率，反应区中差分网格节点的密度是足够的。

甲烷转化率和生成物选择性的计算基于 Takeno 和 Nishioka 在 1993 年提出的方法。这种方法过去用于逆向流中，在这里被改进成适应有水平滞止反应平面的滞止点流动反应器的流动结构。

导出的燃料转化率 $CV_{CH_4}$ 和生成物组分 $k$ 的选择性 $SEL_k$ 的百分比方程如下所示（以摩尔为基准）：

$$
\begin{aligned}
CV_{CH_4} &= \frac{\text{（表面＋燃气）的燃料质量消耗}}{\text{燃料的输入质量}} \\
&= -100 \times \frac{F_{CH_4} C_S + \int_O^L W_{CH_4} \dot{\omega}_{CH_4} C_{dx}}{\rho_o Y_{CH_4,o} U_o}
\end{aligned}
\tag{2-1}
$$

和

$$
\begin{aligned}
SEL_k &= \frac{\text{（表面＋燃气）生成物组分 } k \text{ 的摩尔数}}{\text{（表面＋燃气）燃料消耗的摩尔数}} \\
&= -100 \times \frac{(F_k/W_k)C_S + \int_O^L \dot{\omega}_k C_{dx}}{[(F_{CH_4}/W_{CH_4})C_S] + \int_O^L \dot{\omega}_{CH_4} C_{dx}}
\end{aligned}
\tag{2-2}
$$

其中，$W_k$ 是 $k$ 组分的摩尔质量，$\dot{\omega}_k$（单位 $mol/cm^3 \cdot s$）是组分 $k$ 的摩尔生成率，$F_k$（单位 $g/cm^2 \cdot s$）是铂箔表面组分 $k$ 的质量通量，下标 0 表示“喷射器出口”（$x=0cm$）。$\rho_o$、$Y_{CH_4,o}$和 $U_o$ 分别表示喷射器出口的燃气密度、燃料质量分数和轴向速度，这三个量的乘积就是反应器中燃料的质量通量。

在式（2-1）和式（2-2）中，系数 $C=[1+Kx(T_s/T_i)]^2$ 是校正因子，是用来校正控制容积（用于计算燃料转化率和生成物选择性的组分平衡方程）的半径扩散的。在理想模型中，起初，控制容积是半径为 $r$ 的柱形体。经过校正后，控制容积变为锥形体，是从喷射器定位为基础的任意半径 $r$ 增加到铂箔表面半径为 $r_s^* = r[1+KL(T_s/T_i)]$ 的锥形体。$C_s$ 对应的是 $x=L=1cm$ 处，即铂箔表面系数 $C$ 的值。校正是必要的，因为对喷射器和铂箔来说，模型的无限半径的理想几何形状利用实验设备是不能达到的。这是普遍的问题，如同 Kee、Miller、Evans 和 Dixon-Lewis（1988）在逆向流燃烧器中所认识到的一样。对燃烧器的数值模型假设了均匀的入口轴向速度。在对模拟和实际测量的速度分布比较中，将两者之间的差异归因于喷嘴出口附近的半径扩散。然而，由于没有模拟扩散的措施，所以他们后来选择了忽略这一影响。当前的研究为了仿真这一半径扩张（与理想气体定律提出的成比例），假设半径扩张与距喷射器出口的距离 $x$（从喷射器出口）和铂箔温度与喷射器温度比（ $T_s$ 和 $T_i$ ）成比例。随机选择比例常数 $K$，使某一个预测的燃料转化率与相应的实验值相匹配。在单相点燃之前选择最后一测点，这在后面的例子中有所解释。

对式（2-1）和式（2-2）的积分应用三次样条内插法，参数 $\dot{\omega}_k$ 计算达到了20000 点。每一次计算，碳平衡的相对误差总是在 0.2%以内。对于每一次模拟，$T_i$ 、$T_s$ 和由于预热校正后的入口速度（采用理想气体定律 $U_{in} = 8cm \cdot s^{-1} \times (T_i/298)$）都是必要的输入边界条件。

当运行程序求解能量守恒方程时，作为解的一部分，计算喷射器和铂箔之间燃气的温度分布。通过输入实测的燃气温度分布也可以运行数值代码，但是在这种情况下，不再求解能量守恒方程。以上两种方法在这里都使用了，各自的应用情况将在后面具体阐述。

计算的化学理论基础之一是 Deutschmann（1996）提出的分步异相氧化机理结合气相甲烷燃烧机理。分步异相氧化机理是在 Hickman 和 Schmidt（1993）早期工作的基础上提出的，而后又被 Raja、Kee 和 Petzold（1998）加以应用。气相甲烷燃烧机理即“GRI-Mech 3.0”（Smith 等，1999），在对应的图表中，这一理论用“DET”标明。

另一套用于模拟的理论是综合化学反应动力学。早先由 Song、Williams、Schmidt 和 Aris（1991）实验完成，他们采用了一个异相甲烷氧化反应（速率不变，Trimm & Lam，1980）和一个气相燃烧反应（Coffee，1985）。它在图表中用“GL”标明。

为了同惰性表面的预测量相比较，在没有异相化学理论的情况下，也进行了模拟运算，提供名为 $DET_H$ 和 $GL_H$ 的机理。表 2-1 概述了每一种机理的主要信息。

**化学反应运动学机理概述** **表 2-1**

| 机理名称 | 组分，反应速度 | 参考文献 |
| --- | --- | --- |
| GL | $CH_4$,$O_2$,$CO_2$,$H_2O$,$N_2$ | Song 等(1991) |
| 单相气相机理<br>(或 $GL_H$)<br>$CH_4+2O_2 \rightarrow CO_2+2H_2O$<br>(速率单位:kJ,mol,co,s) | $w_{HOM}=-2.5\times10^{12}\exp\left(-\frac{202.3}{RT_4}\right)[CH_4]^{0.2}[O_2]^{1.3}$ | |

续表

| 机理名称 | 组分,反应速度 | 参考文献 |
|---|---|---|
| 异相机理<br>$CH_4+2O_2 \rightarrow CO_2+2H_2O$DET | $w_{HET}=-1.3\times10^{11}\exp\left(-\frac{135}{RT_s}\right)[CH_4]^1[O_2]^{0.5}$ | |
| 单相气相机理<br>GRI·Mech3(或 $DET_d$) | $H_2$, H, O, $O_2$, OH, $H_2O$, $HO_2$, $H_2O_2$, $CH_2$, $CH_2$, $CH_3$, $CH_4$, CO, $CO_2$, HCO, $CH_2O$, $CH_2OH$, $CH_3O$, $CH_3OH$, $C_2H_2$, $C_2H_3$, $C_2H_4$, $C_2H_5$, $C_2H_6$, HCCO, $CH_2CO$, C, HCCOH, $C_2H$, $NH_3$<br>NNH, NO, $NO_2$, $N_2O$, HNO, CN, N, NH, $NH_2$, HCN, $H_2CN$, HCNN, HCNO, HOCN, HNCO, NCO, $C_3H_7$, $C_3H_8$, $CH_2CHO$, $CH_3CHO$, $N_2$ | |
| 325 个可逆反应 | | Smith 等(1999) |
| 异相机理 | $H_2$, $O_2$, $H_2O$, OH, CO, $CO_2$, $CH_4$, H(S), O(S), OH(S), $H_2O$(S), C(S), CO(S), $CO_2$(S), Pt(S), CH(S), $CH_2$(S), $CH_3$(S) | Raja 等(1998) |
| 19 个不可逆反应，3 个可逆反应 | | |

## 2.4　甲烷在铂表面上进行氧化反应的结果

图 2-7 是在 $\alpha=0.3$、$X_{N_2}=0.8739$ 时，逐步增加热循环数量，即第一步（增加通过铂箔的电量）的实验条件下，表面温度与甲烷转化率的函数关系曲线。

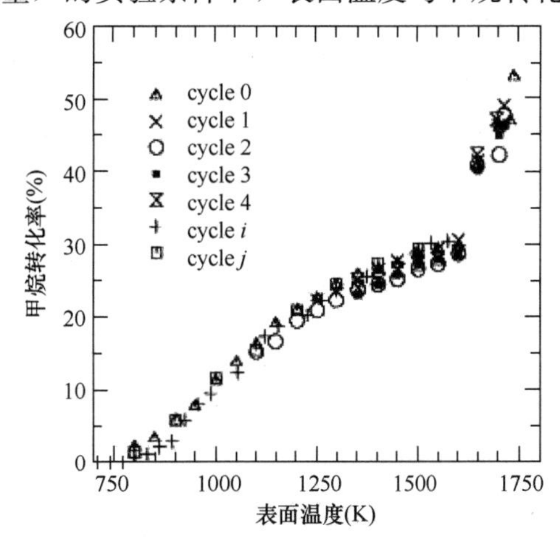


图 2-7　表面温度与甲烷转化率的函数关系

（$\alpha=0.3$、$X_{N_2}=0.8739$，热循环逐渐增加）

在同一块铂箔上完成了循环 0～4 的实验。循环 $i$ 和 $j$ 是在另一块铂箔上完成的，在这块铂箔上曾经发生过很多次不确定的热循环。$j$ 是在铂箔破坏之前最后的循环数。尽管有着不确定的热循环次数，但从图中可以看出，对于所有的循环，曲线几乎是重叠的，这表明铂箔的老化并没有很大程度上影响甲烷的绝对转化率。

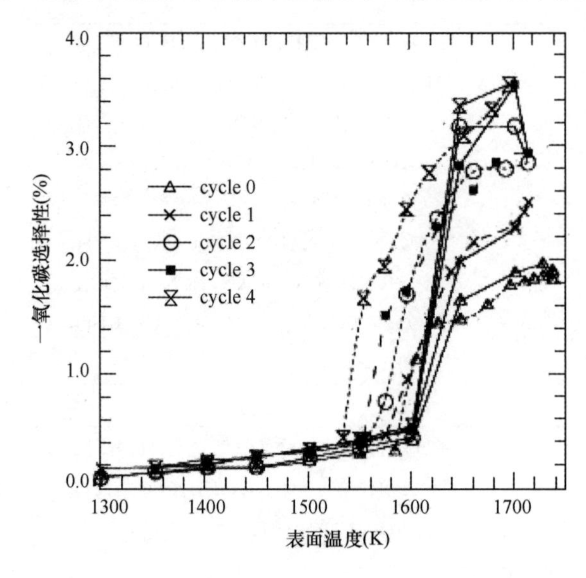


图 2-8　表面温度与一氧化碳选择性（摩尔百分数）的函数关系（条件同图 2-7）

相同条件下，整个热循环的一氧化碳选择性与表面温度的关系曲线如图 2-8 所示。从图中可以看出，整个催化状态内的一氧化碳选择性仍接近于 0，并在单相燃烧开始时突然急剧上升。随着热循环数量的增加，一氧化碳选择性的最大值也增加，但仍不超过 3.5%。当降低通过铂箔的电量时，发现了一条延迟曲线，这样，燃烧仍然以表面温度下的气相反应为主，这一表面温度对应于循环正向第一步的催化状态。在这一表面温度下，一氧化碳选择性恢复到接近于 0 的状态，同时燃料的转化率也恢复到与循环第一步一样的值，随着热循环数量的增加，结束延迟现象是减小的。这就意味着铂箔的老化扩大了循环反向第二步中单相燃烧的范围。

降低恒定的燃料混合物强度（$\alpha=0.3$）中的氮气含量，深入研究了延迟的特性。在热循环第一步中，逐渐降低氮气浓度，依赖于表面温度的燃料转化率见图 2-9（$a$）。图 2-9（$b$）是在热循环第二步中，与图 2-9（$a$）相同条件下的延迟区的曲线。由于这些实验是在发生过多于两个循环的铂箔（区别于用于图 2-7 和图 2-8 的铂箔）上完成的，所以催化状态下最大燃料转化率有一点儿误差，其值大约是 32%，而不是 30%左右。造成的实验差异必须使用两个不同的 $K$ 值［$K$ 是在模拟部分中校正式（2-1）和式（2-2）中 $C$ 的比例因子］。图 2-9（$a$）中，

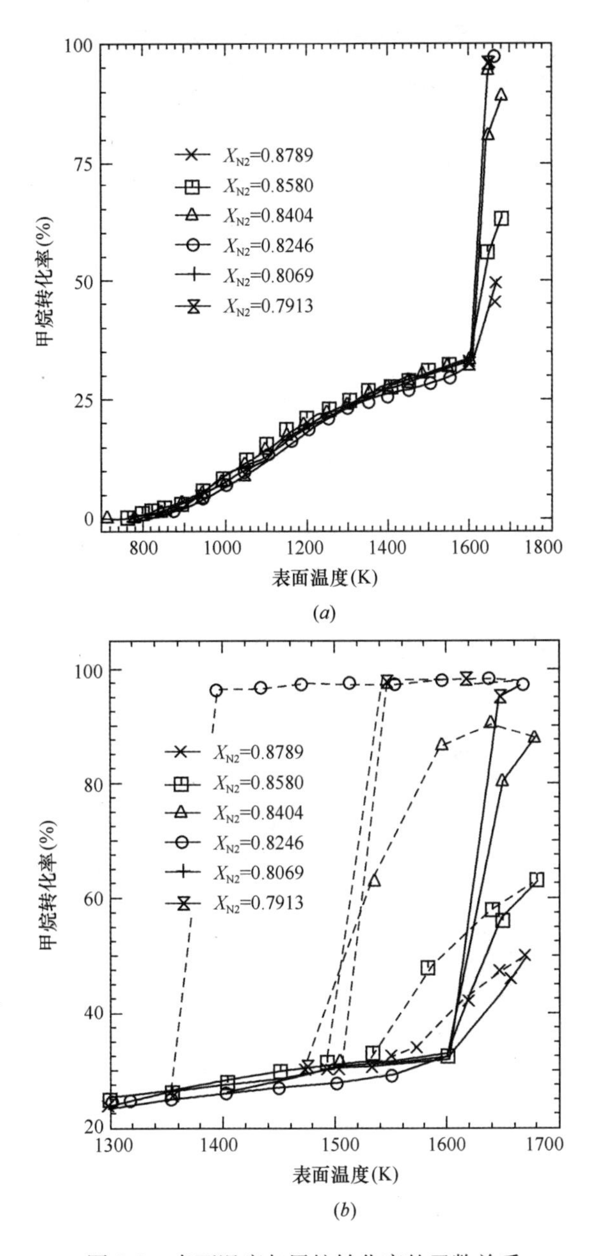


图 2-9　表面温度与甲烷转化率的函数关系

(*a*) 不同的氮气含量下（$\alpha$=0.3，随着铂箔的供电量的升高）；

(*b*) 延迟区（条件与（*a*）同，升高然后降低铂箔的供电量）

氮气稀释程度在 $0.791 \leqslant X_{N_2} \leqslant 0.874$ 范围内是不影响催化状态下的燃料转化率曲线的。在循环第一步中，起始单相气相燃烧的表面温度也不随氮气稀释程度的变化而改变。但是，当氮气含量降低到 0.840～0.825 之间时，单相状态的绝对转化率明显增大至 100%的饱和状态。图 2-9（*b*）表明，当减小通过铂箔的电量时，降低氮气含量扩大了保持单相燃烧反应状态所需要的表面温度范围。尽管没有实验达到自热特性，但是在 $X_{N_2}=0.8246$ 时，燃料转化率第一次达到了100%的条件，对比循环第一步中进行单相燃烧所需要的每单位表面积（$cm^2$）铂箔的供电功率 7.70W，这一次持续的单相燃烧需要的每单位表面积（$cm^2$）铂箔的供电功率仅不到 3.57W 。为了阐述清晰，也给出了对应于图 2-9 的循环第一步中的一氧化碳选择性，如图 2-10 所示。降低氮气含量，一氧化碳选择性也下降，当燃料转化率达到 100%时，一氧化碳选择性非常低（0.6%～0.7%）。

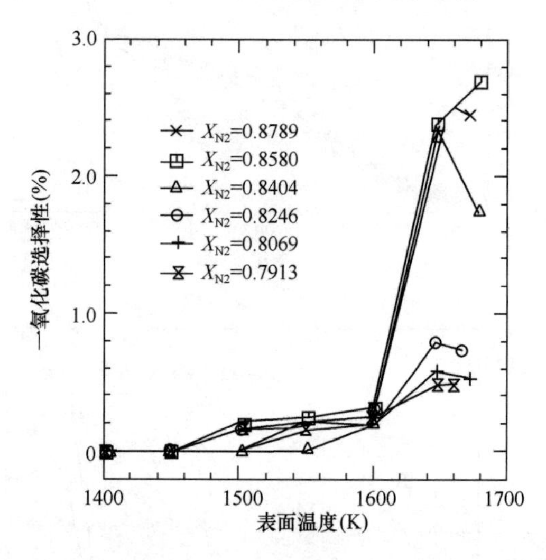


图 2-10　对应图 2-9（$a$）条件下的一氧化碳选择性

图 2-11 是在另一块老化的铂箔上实验并绘制的燃料转化率曲线，是在 $X_{N_2}=0.874$、贫燃气混合物的强度 $\alpha$ 在 0.15～0.25 之间的实验曲线。并且，图中也包括模拟的结果，这在后面会讨论到。这里没有给出对应于图 2-11 条件下的一氧

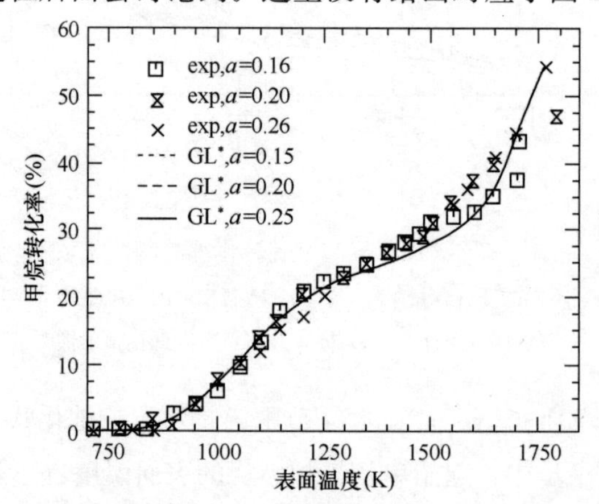


图 2-11　随着铂箔供电量的增大，当 $X_{N_2}=0.874$ 时不同燃料浓度下的表面温度与甲烷转化率的函数关系

化碳选择性曲线图。因为曾经在 Dupont、Zhang 和 Williams（2000b）的论文中给出过。通过观察一氧化碳选择性曲线可以看出，在 $\alpha \leqslant 0.25$ 时延迟现象消失了，并且在没有恢复到催化状态下燃烧就熄灭了。而且，当降低燃料含量时，在降低的表面温度上会发生循环第一步的起始单相气相氧化反应。

在实验中，由于得到了催化状态下燃料转化率的两个最大值（30%和32%），$K$ 的一个值（$5.773\times10^{-2}\text{cm}^{-1}$）被用于研究铂箔老化和燃料混合物强度影响上，并且 $K$ 的另一个值（$8.718\times10^{-2}\text{cm}^{-1}$）被用于研究氮气含量的影响中。实验差异不仅在于在后面的研究中使用了不同的铂箔，而且在于铂箔与喷射器之间位置的不同，在研究氮气含量的实验中，铂箔与喷射器位置的不同导致了暴露于反应混合物的铂箔表面积稍稍增加了一些。

当在催化状态下，使用实测燃气温度分布运行程序时，得出的燃料转化率与通过解能量守恒方程运行程序得出的燃料转化率相同。解能量守恒方程所计算的燃气温度分布接近 Dupont、Moallemi、Williams 和 Zhang（2000）实验发现的情形。

图 2-12 是在 $\alpha=0.3$ 和 $X_{N_2}=0.858$ 的具体条件下通过求解能量方程和运用 $GL_H$、$DET_H$ 机理得到预测的燃料转化率曲线，GL/GL* 和 DET/DET* 机理有效地阻止了表面反应，从而模拟了惰性表面的特性。从 $GL_H$ 机理模拟的燃料转化率曲线可以看出，在表面温度约 1200K 时开始气相转化，并且随着表面温度的增加，$CL_H$ 曲线的燃料转化率稳步上升，但总是保持在 GL* 预测的转化率之下。这是因

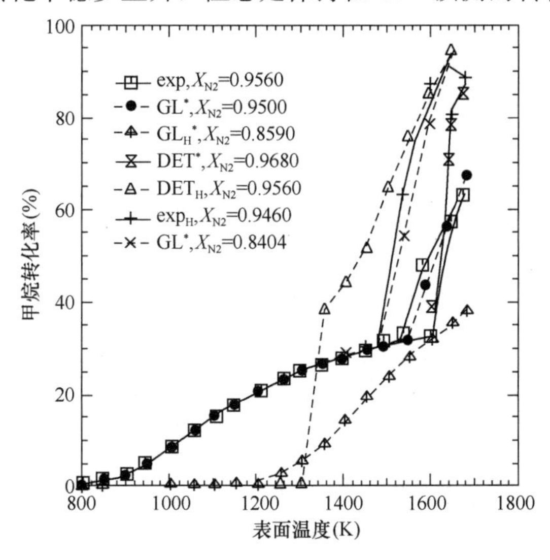


图 2-12　GL*、$GL_H$、DET* 和 $DET_H$ 机理及实验条件下甲烷转化率的比较

（对整个热循环 $\alpha=0.3$、$X_{N_2}=0.858$ 或 0.8404）

为在整个燃料转化状态下，GL 机理中把明显的催化作用归因于铂表面。

$DET_H$ 机理计算了温度在 1300～1350K 之间的单相点燃。在已建立的单相转化状态下，$DET_H$ 机理模拟的转化率比 $DET^*$ 的大。通过 $DET^*$ 机理得知，铂箔表面的反应对气相氧化反应的全面进行有抑制作用。Dupont 等人（2000a）使用了另一分步气相氧化机理（不是现在这个）进行研究，结果表明，对于更大的氮气含量（$X_{N_2}=0.8739$）也发生了同样的抑制作用。在以往用于热水器和炉灶中的催化蜂窝独石燃烧器中（Dupont 等，2000b），也观察到过这样的抑制作用。

从燃烧效率角度来说，数值模拟的结果表明综合化学反应近似法是足够好的，在催化状态和单相状态下产生了较好的一致性。但是，为了更进一步解释实验中观察到的更加细微的特性（如重复热循环的影响、一氧化碳选择性、单相氧化的抑制作用和低浓度燃料混合物发生温度降低的单相点燃），必须要引入分步化学反应理论。

建议必须按比例放大实验的反应器，进一步在单相状态下，通过分步化学反应单相机理调查实验测量的一氧化碳选择性和燃料转化率与模拟预测得到的结果的差异。

进一步研究包括，使用更大的反应器测试惰性表面（这将有助于说明铂表面对单相点燃的抑制作用）和非-干涉地测量铂箔表面下的径向和轴向组分分布。一旦一氧化碳选择性与模型相一致，继续对稳定的双碳（C-2）组分进行实测，并将它们与预测值进行比较，这也将会有助于理解推迟单相点燃的机理（Dupont 等，2001）。

## 2.5　大型滞止点流动反应器的研究

在研究中，采用更大的滞止点流动反应器，$CH_4/O_2/N_2$ 混合物用参数 $\alpha$（0.1～0.2）表示。其中 $\alpha=\dot{V}_{CH_4}/(\dot{V}_{CH_4}+\dot{V}_{O_2})$，混合物在大气压、298K 下，以速度 $U_0$（4.5～4.7cm/s）在距混合物出口 8mm 处，纯度为 99.95%、厚为 100$\mu$m、直径为 2.35cm 的多晶铂箔上点火，如图 2-13 所示的实验装置。

混合物中的 $N_2$ 含量用摩尔分子 $X_{N_2}$ 表示（$X=0.84$～$0.87$）。以前有关反应器设计的研究表明：在纯异相氧化状态下，单步综合反应机理能够充分地重现依赖催化剂温度的 $CH_4$ 转化率（Dupont 等，2000 b；2001）。在文献（Dupont 等，2001）中，单步反应的反应速率常数通过调整两个实验点到其模拟值而得到优化。图 2-14 的转化率曲线（无修正因数）表明：通过新的反应器设计异相反应的反应速率常数的优化可以通过在中低等温度下（1100K）调整一个转化率而

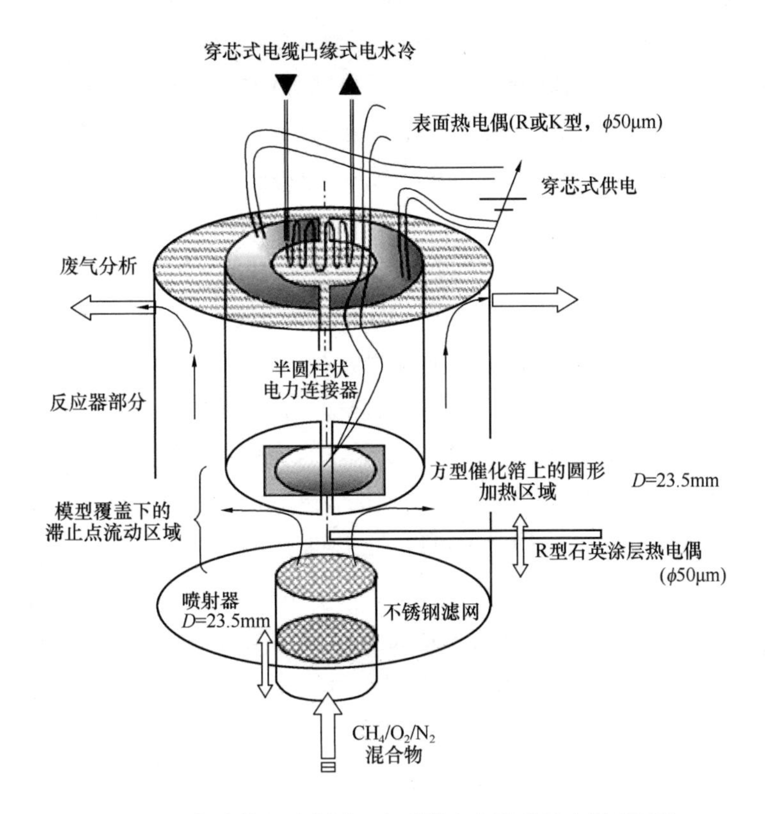


图 2-13　实验装置示意图（大型滞止点流动反应器 SPFR）

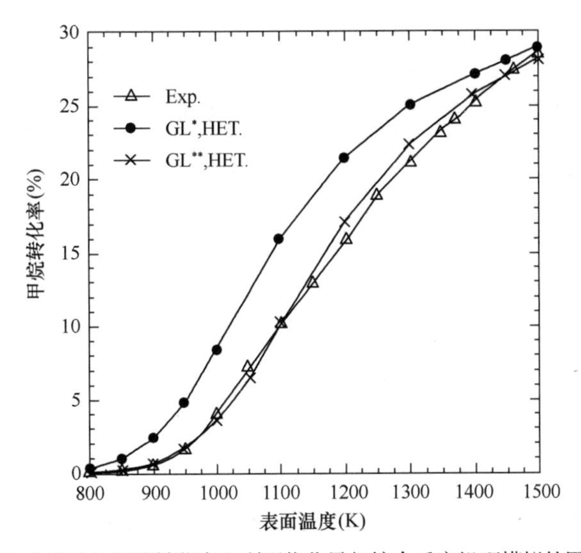


图 2-14　在 SPFR 中实验的甲烷转化率和利用优化异相综合反应机理模拟的甲烷转化率的比较（反应速率为 $\omega_{HET}=A\times\exp(-E/RT)\times[CH_4]^1\times[O_2]^{0.5}$。GL* 机理中，$A=2.228\times10^{10}$ 且 $E=135.0$kJ（Dupont 等，2001）。GL** 机理中，选用的最佳参数为 $A=2.228\times10^{10}$ 且 $E=144.7$kJ。实验的条件为 $\alpha=0.2$、$X_{N_2}=0.877$、$U_0=4.73\text{cm}\cdot\text{s}^{-1}$）

实现。

为了模拟一氧化碳的转化，需要采用更加详细的化学反应机理。应用 GRI-Mech 3（Smith 等，1999）和甲烷在铂表面的分步异相氧化机理（Deutschmann，1996；Mantzaras 等，2000；Raja 等，2000）的复合，假设铂的活化点密度为 $2.7\times10^{-9}$ mol·cm$^{-2}$。由参考文献（Deutschmann 等，1994）测算，其中包含文献（Deutschmann，1996）建议的早期转化机理和文献（Mantzaras 等，2000；Raja 等，2000）中的测试结果。如下所示，设计的新反应器所得的一氧化碳更高，这一结果支持了文献（Dupont 等，2000b）中的假设。旧反应器中的径向梯度太大以至于不能与 SPFR 模型的径向梯度相一致。相信目前的 SPFR 研究中（这里提醒读者：这些 SPFR 研究主要关注含有剩余氧气的混合物）大部分测量的一氧化碳在很大程度上是在气相生成的。这一论断通过观察到气相温度曲线中明显的变化而得到证实，同时也可以通过观察到发生轻度的气相点燃而得到证实。这里没有给出反应区的气相温度曲线，但是相似的曲线已在文献（Dupont 等，2000b）中给出。一氧化碳的来源也可以通过文献（Dupont 等，2000b）中的模拟研究来证实，文献（Dupont 等，2000b）中的实验条件是 $\alpha=0.3$，这决定了在此温度区从异相氧化而产生的一氧化碳选择性要小于在气相区产生的一氧化碳。而且，一氧化碳不可能从表面析出再在气相被完全氧化，这是因为流体几何学表明，以气相存在的任何组分的一部分应该由径辐射方向的流体带离反应器，然后在废气中测量。在这一方面可获取的详尽文献中，将被吸附的一氧化碳理解成是在贵金属表面上从甲烷到二氧化碳的完全贫异相氧化过程中的暂时中间产物，这一论点是由在高温区表面上仍存在的过量氧气所支持的。

图 2-15 所示是在 $\alpha=0.15$、$X_{N_2}=0.874$ 且初速度为 $U_0=4.6$cm·s$^{-1}$（对 298K 经过校正）的实验情况下，甲烷转化率和产物选择性与铂催化剂温度的关系曲线。它指出异相燃烧会一直延续到 1400K，在这一温度下产物中会产生少量的乙烷。当温度在 1450～1500K 时，气体温度曲线的特性变化表明一氧化碳突然增长，甲烷转化率也迅速增长，这代表了气相燃烧的开始（即不剧烈的单相点燃）。

在气相点燃的过程中，一氧化碳、乙烷、乙烯的选择性也同时增加，但是乙烷的最高值出现在较低的催化剂表面温度下，接着乙烯、一氧化碳最高值出现在增加的催化剂表面温度下。由于催化剂表面温度从异相点燃开始便以 20K 的步长增长，所以需说明的是所有测量都是在稳态情况下进行的。一旦达到气相点燃区，发现对 $\alpha>0.2$ 的混合物，反向温度的降低会造成延迟（Dupont 等，2001）。还发现早前混合物就此温度进行催化点燃，而将一直持续气相点燃的状态，并得到更高的燃料转化率及一氧化碳、双碳组分同时排放产物。通过气相燃烧证实了

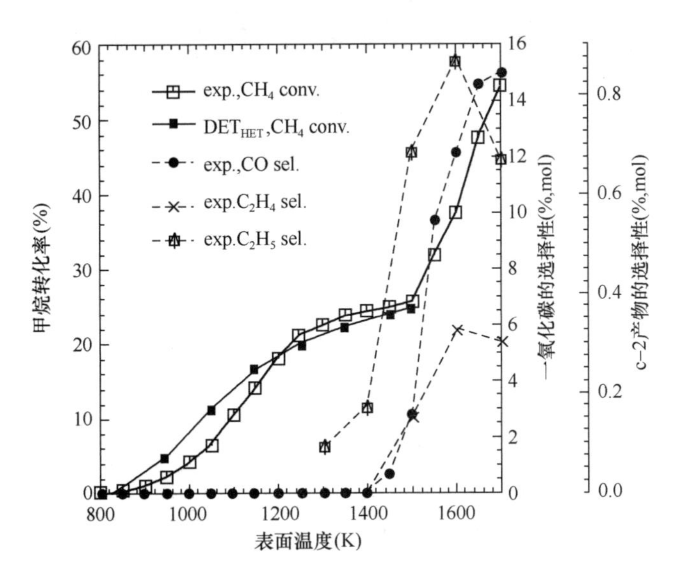


图 2-15　SPFR 中实验的甲烷转化率和一氧化碳、乙烯、乙烷选择性与铂催化剂表面温度的关系（实验条件为 $\alpha=0.15$、$X_{N_2}=0.874$、$U_0=4.6\text{cm}\cdot\text{s}^{-1}$。$DET_{HET}$、$CH_4$ conv. 是单独利用分步异相化学反应机理模拟的甲烷转化率）

异相燃烧的抑制作用。对于氢气在铂表面催化燃烧的异相燃烧的抑制作用，早先在参考文献（Ikeda 等，1995）中有所报道。当在模型中施加气体温度时，在模拟中也重现了这一抑制作用，其有效地得到了两个求解方法（Dupont 等，2001）。延迟方法不再在目前的研究中继续探索。这里报道的实验是通过增加催化剂温度达到的，并且模拟仿真是在稳态情况下的求解。

图 2-15 是甲烷转化率曲线，它是单独利用异相分步机理模拟的（$DET_{HET}$），见参考文献（Deutschmann，1996；Raja 等，2000）。结果表明：异相分步机理模拟的低温度区的转化率曲线要稍高于实验值，优化该机理如文献（Dupont 等，2001）中所做的可以达到较好的效果。但是，主要说明了在对应于 1200～1500K 甲烷转化率曲线平稳段的质量传递（扩散）速度控制区内，实验所得的甲烷转化率与模拟所得的一致性非常好，不用进行任何修正。扩散速度控制是由于快速的固气氧化反应导致近表面缺少甲烷，且流体不能够通过充分迅速地扩散来补充缺失的反应物（甲烷）。因此，在扩散速度控制区内，只要反应迅速，那么对这些反应的动力学速率的选择就是不相关的，并且燃料转化率是由反应物的流入量和反应物在反应器中的最终结果所控制的，燃料转化率依赖于流体几何学。这些条件下模拟与实验结果达到较好的一致性，并且不用进行修正，这表明在实验设备 SPFR 中，流体接近于理想流动。在到达单相点燃点温度时，停止模拟，因为不能单独用异相机理来模拟单相点燃。

图 2-16 所示是图 2-15 的甲烷转化率与利用分步单相—异相耦合机理（HET＋HOM）（Deutschmann，1996；Smith 等，1999；Raja 等，2000）模拟的甲烷转化率的比较。通过利用施加测量的气体温度分布曲线模拟了其中一条曲线，其他的曲线是通过解能量方程（ENRG）得到的。图 2-16 中还包括利用单相气相机理（HOM）模拟的甲烷转化率曲线，它表现出了惰性表面的影响。表面温度在 1150K 以下，包括分步异相机理的所有测试机理模拟出的甲烷转化率都相同，这表明对于这些模拟气相转化是失效的。表面温度在 1150K 以上，两种使用单相-异相耦合机理的仿真模拟预测到了气相燃烧开始，这是通过明显观察到转化率的增长而得到验证的。

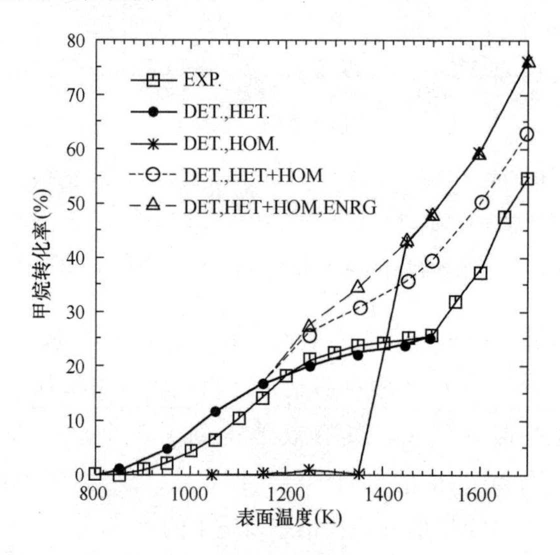


图 2-16　分别单独利用（i）分步异相机理（DET.、HET），（ii）分步单相机理（DET.、HOM），（iii）施加测量气体温度的分步异相/单相耦合机理（DET.、HET＋HOM），（iv）利用数值法解能量方程的分步异相/单相耦合机理（DET.、HET＋HOM、ENRG）模拟的甲烷转化率曲线与表面温度关系的相互比较（实验条件如图 2-15 所示）

## 2.6　掺有 $H_2S$ 和 $SO_2$ 的 $CH_4$ 在铂催化剂上对于氧化速率的影响

由于催化燃烧的近零污染物排放及其日益增长的燃烧稳定性，人们越来越多地将催化燃烧视为未来的一种可以取代许多气相燃烧过程的燃烧技术。催化燃烧已经在固定式燃气轮机燃烧室（Dalla Betta & Rostrup-Nielsen，1999；Etwmad 等，1999；Ozawa 等，1999）、燃料电池（Finnerty 等，2000）和一些家庭（Ro 等，1997）、工业过程供热炉（Seo 等，1999；Griffin & Wood，2001）等装置中得到应用，这些装置通常都选择天然气作为燃料。如有必要，提炼厂会对天然气进行脱硫，以脱去含硫的成分。然而，为了便于用户察觉漏气，往往会在天然气分配网中加入硫，以形成$H_2S$和带有强烈臭味（硫醇）的复杂硫组分的混合物。其他含有少量$H_2S$气体的燃料还有：沼气、柴油和生物质或废轮胎等垃圾在高温分解下的气体产物。生物质和煤的气化过程也会产生含有$H_2S$的气体混合物。

目前，研究的首要目的就是用滞止点流动反应器，在一些催化燃烧应用中得到某一温度下负载“纯”铂催化剂（相对纯贵金属或粉末状的催化剂而言）上$CH_4$贫氧化的动力学参数。第二个目的是研究$CH_4$在不同负载铂催化剂上的氧化过程是否会受到$H_2S$和$SO_2$等硫组分出现的影响。

实验在SPFR中进行，其内的催化剂温度要求介于室温和1150K之间，上限温度控制在不锈钢箔片上催化剂涂层的熔点以下。质量流量控制器对$CH_4$、空气和$N_2$等反应气体进行流量控制，同时$H_2S$和$SO_2$的掺入则由气体密封的程序控制式注射泵实施控制。对于单独的反应物流，每个输送系统有±5%的相对误差。这个反应器的初期形式已应用于先前的研究中（Dupont等，2000，2001），并且得到了多晶铂上$CH_4/O_2/N_2$等混合物氧化反应机理的有效数据。而这些研究都显示出早期反应器的一些局限性。后期反应器的研制源于实验反应器的有限形状与其理论模型之间的差异上，且对于理论模型假设喷射器和催化剂的半径无限大。现在，设计的新反应器很接近理想流动几何形状，见图2-13。

在该研究中，目前的反应器使用的是加氧化物涂层的不锈钢箔弥散着铂，它与运用在独石通道上的催化剂类型相同。

SPFR系统由金属氧化物负载的Pt催化剂组成，在150μm厚的特定不锈钢箔片上镀一层5～10μm厚（可由扫描电子显微相片观察到）的Pt涂层来作为连续致密层。经研究发现，两种涂层的配方如下：3.79wt% $Pt/\gamma\text{-}Al_2O_3$和3.79wt% $Pt/12\%CeO_2/\gamma\text{-}Al_2O_3$。这两种催化剂都是由Johnson Matthey生产的，其在每平方厘米平钢载体上的涂层重量分别近似为0.82mg和0.52mg。通过横向电磁场波（TEM）显示粒状涂层（未老化，于450℃下，在空气流中煅烧1h)，发现散布于氧化铝上的Pt粒子平均粒度为1.4±0.3nm，而在氧化铈-氧化铝上的则为1.8±0.4nm。同时，对空白催化剂粒状涂层用布鲁瑙厄-埃美特-泰勒法测定的表面积（BET）在氧化铝上等于$134m^2/g$，而在氧化铈-氧化铝上为$132m^2/g$。对于标准的和经过煅烧（450℃时，在空气流中煅烧1h）的粒子而言，两者的结果非常相似。通过分析77.4K温度下的$N_2$等温吸附/解吸附线滞后环线的形状表明：对于上述两种涂层，由不同半径但相同颈宽的球形腔构成的孔隙分布具有墨水瓶形状的孔隙特点，并且在密集排布的球形粒子之间为真空。在这种情况下，将吸附分支（而不是BET分支或解吸附分支）用于分析孔隙结构，并由其分别得到了煅烧后的氧化铝和氧化铈-氧化铝涂层粒子的平均孔隙直径为

4.7nm 和 4.5nm。上述两种涂层的视密度是由真（氦）密度（5.42g/$cm^3$ 和 5.40g/$cm^3$）和吸附分支得到的平均孔隙容积（0.211$cm^3$/g 和 0.1836 $cm^3$/g）估算得出的。经估算，$Al_2O_3$和 $CeO_2/Al_2O_3$的视密度分别为 2.52 g/$cm^3$和 2.71 g/$cm^3$，然后计算出了两种涂层的孔隙率为 0.534 和 0.498。

对于催化氧化和催化/气相耦合氧化（Dupont 等，2001）这两种状况，通过甲烷的转化率与催化剂温度的依赖关系，形成了其化学机理模型的有效性基础。气体混合物的组成强度由参数 $\alpha = \dot{V}_{CH_4}/(\dot{V}_{CH_4} + \dot{V}_{O_2})$ 和氮的摩尔分数 $X_{N_2}$ 来定义，其中 $\dot{V}_i$ 是某反应物组分在 298K 时的体积流量。本书中，$\alpha$ 介于 0.1～0.3 之间，其中 $\frac{1}{3}$ 即相当于化学计量的混合物；$X_{N_2}$ 大约为 0.88。通过用 $N_2$稀释的调节来减小氧化反应的放热量，使催化剂温度更容易控制。

研究 S-组分对于氧化速率的影响，即掺有 $H_2S$ 和 $SO_2$的 $CH_4$气体在负载铂催化剂上异相氧化反应速率的影响。实验过程中，分别通入 30ppm、60ppm 和 100ppm 浓度的 $H_2S$ 和 $SO_2$，入口速度 $U_0$为 1.7cm/s、$\alpha$=0.3。

图 2-17 为已老化 3.79wt%Pt/$Al_2O_3$催化剂上的 $CH_4$转化率：分别为不含 S 组分、掺有浓度为 60ppm 的 $H_2S$ 和掺有浓度为 60ppm 的 $SO_2$三条曲线。实验发现，在没有镀催化剂的空白 $Al_2O_3$或 $CeO_2/Al_2O_3$载体上没有明显的甲烷转化率。因此，由图 2-17 可得到结论：实验中得到的甲烷转化率是由于涂层中散布着 Pt 而起的作用。通过以下实验得到了图 2-17 中的转化率曲线：将 $T_s$ 由 298K 增加到 1150K，再从 1150K 降低到 298K，并重复三次。可以清楚地看到在实验过程中没有发现滞后现象，且这三类实验均表现出了很好的可复现性。当通入 60ppm 的 $H_2S$ 或 $SO_2$时，甲烷转化率增加了 15%左右（绝对增加量）。对于 Pt 催化剂，反应物流中掺入 S 组分后促进了该催化剂上 $CH_4$的异相氧化反应。图 2-17 也同时绘出了由前述方法模拟得到的甲烷转化率曲线，且与此实验得到的转化率曲线非常吻合。该部分运行的最佳拟合动力学参数已列出（Dupont 等，2004）。

当流速为 3.4cm/s 时，在已老化的 Pt/$CeO_2/Al_2O_3$催化剂上做了大量的实验（此书中并未列出），其状况和动力学与图 2-17 中所示的规律相一致，即显示出 S-组分对甲烷氧化的促进作用。因此有以下结论：当甲烷转化率随着催化剂温度单调增加时，S-组分对 Pt 催化剂上的 $CH_4$氧化起促进作用。

实验过程中，使用纯度为 99.9%的多晶 Pt 箔片，用 0、50ppm 和 100ppm 的 $H_2S$，入口速度 $U_0$为 3.5cm/s，$\alpha$=0.3。实验结果如图 2-18 所示，对纯铂催化剂可以看出，当含有 $H_2S$ 时，提升了甲烷的氧化速率。然而，在此实验中，造成较小的转化率是由于较大速度及小的金属箔片的特殊表面中所包含的大量不确定因素。

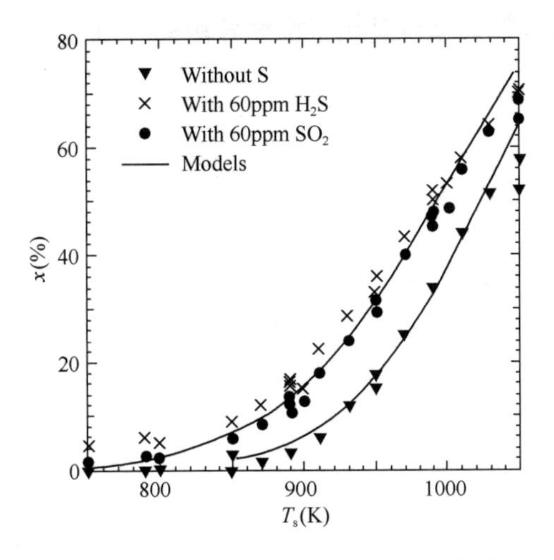


图 2-17　在老化的 3.79wt%$Pt/Al_2O_3$催化剂
上掺入 60ppm$H_2S$和$SO_2$
($U_0$=1.7cm/s、$\alpha$=0.3）对甲烷转换率的影响

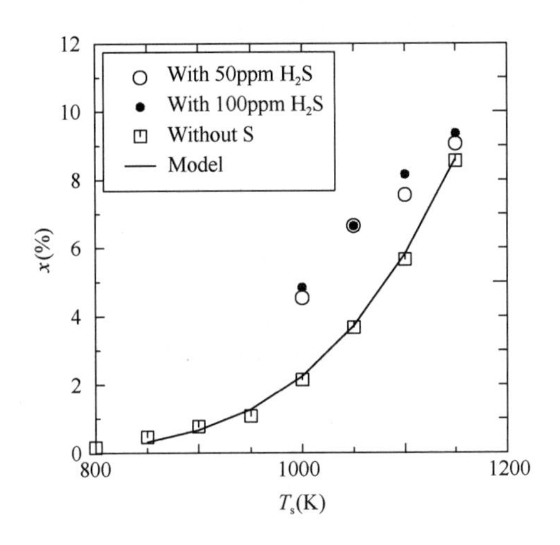


图 2-18　在多晶 Pt 催化剂箔片上，不同浓度$H_2S$（50～100ppm）
出现，甲烷转化率（$x$）与温度$T_s$之间的关系曲线（三组实验
中，$\alpha$=0.3、$U_0$=3.5cm/s、$X_{N_2}$=0.88）

## 2.7　结论

在最短的独石上的运行不仅仅节约了贵金属，而且还弄清楚了工作中的燃烧化学反应。据发现，在点火期间催化剂对于表面燃烧的建立起着决定性的角色，而且确保在独石上$CH_4$完全转化成$CO_2$。

在催化燃烧中，SFPR 系统是用于推导异相氧化动力学的可靠手段。

## 参考文献


[1] Rankin A J, Hayes R E, Kolaczkowski S T. Annular flow in a Catalytic Monolith[J]. Transactions of the Institution of Chemical Engineers. 1995, 73(Part A): 110-121.

[2] Scholten A, van Yperen R, Emmerzaal I J. A zero $NO_x$ catalytic ceramic natural gas cooker. Fourth International. Workshop on Catalytic Combustion, San Diego, 1999 (4): 14-16.

[3] Aghalayam P, Park Y K, Vlachos D G. Twenty-Eighth Symposium (International) on Combustion, The Combustion Institute, Pittsburgh. 2000.

[4] Bui P A, Vlachos D G, Westmoreland P R. Homogeneous ignition of hydrogen/air mixtures over platinum[J]. Proceedings of the 26th symposium (international) in combustion. Pittsburg: The Combustion Institute. 1996: 1763-1770.

[5] Coffee T P. On simplified reaction-mechanisms by oxidation of hydrocarbon fuels in flames [J]. Combustion Science and Technology, 1985, 43: 333-337.

[6] Coltrin M E, Kee R J, Evans G H. A mathematical model of the # uid-mechanics and gas-phase chemistry in a rotating-disk chemical vapor deposition[J]. Journal of Electrochemistry Society, 1989, 136: 819.

[7] Coltrin M E, Kee R J, Evans G H, et al. SPIN (Version 3. 83): A Fortran program for modeling one-dimensional rotating-disk/stagnation-yow chemical vapor deposition reactors. SANDIA Report SAND 91-8003, 1991.

[8] Deutschmann O, Behrendt F, Warnatz J. Modelling and simulation of heterogeneous oxidation of methane on a platinum foil[J]. Catalysis Today, 1994, 21: 461-470.

[9] Deutschmann O. thesis, Heidelberg University. 1996.

[10] Dupont V, Moallemi F, Williams A, et al. Combustion of methane in catalytic honeycomb monolith burners [J]. International Journal of Energy Research, 2000, 24: 1181-1201.

[11] Dupont V, Zhang S H, Williams A. Catalytic and inhibitory effects of Pt surfaces on the oxidation of $CH_4/O_2/N_2$ mixtures[J]. International Journal of Energy Research, 2000, 24: 1291-1309.

[12] Dupont V, Zhang S-H, Williams A. Experiments and simulations of methane oxidation on a platinum surface[J]. Chemical Engineering Science, 2001, 56(8): 2659-2670.

[13] Dupont V, Zhang S H, Williams A. High Temperature Catalytic Combustion and Its Inhibition of Gas Phase Ignition[J]. Energy and Fuels, 2002, 16: 1576-1584.

[14] Dupont V, Jones J M, Zhang S H, et al. Kinetics of methane oxidation on Pt catalysts in the presence of $H_2S$ and $SO_2$[J]. Chemical Engineering Science, 2004, 59: 17-29.

[15] Dupont V, Moallemi F, Williams A, et al. Combustion of methane in catalytic honeycomb monolith burners [J]. International Journal of Energy Research, 2000, 24: 1181-1201.

[16] Evans G H, Greif R. Forced flow near a heated rotating disk—a similarity solution[J]. Numerical Heat Transfer, 1998, 14: 373-387.

[17] Fernandes N E, Park Y K, Vlachos D G. The autothermal behaviour of platinum catalyzed hydrogen oxidation: Experiments and modeling[J]. Combustion and Flame, 1999, 118: 64-178.

[18] Flood E A. The solid gas interface[M]. London: Edward Arnold Publishers, 1967.

[19] Forsth M, Gudmundson F, Persson J L, et al. The influence of a catalytic surface on the gas-phase combustion of $H_2+O_2$[J]. Combustion and Flame, 1999, 119: 144-153.

[20] Grcar J F, Kee R J, Smooke M D, et al. A hybrid Newton/time-integration procedure for the solution of steady, laminar, one-dimensional, premixed flames[C]// The Combustion Institute. Proceedings of the 21st Symposium (international) on combustion. 1986.

[21] Griffiths J F, Scott S K. Progress in Energy and Combustion Science, 1987, 13: 161-197.

[22] Ikeda H, Sato J, Williams F A. Surface kinetics for catalytic combustion of hydrogen-air mixtures on platinum at atmospheric pressure in stagnation flows[J]. Surface Science, 1995, 326: 11-26.

[23] Kee R J, Dixon-Lewis G, Warnatz J, et al. A Fortran computer code package for the evaluation of gas-phase multicomponent transport properties[J]. SANDIA Report, 1986.

[24] Kee R J, Miller J A, Evans G H, et al. A computational model of the structure of strained, opposed flow, premixed methane-air flames[C]//. The Combustion Institute. Proceedings of the 22nd symposium (international) on combustion , 1988: 1479-1494.

[25] Mantzaras J, Appel C, Benz P, et al. Catalysis Today, 2000, 59: 3-17.

[26] Miller J A, and Bowman C T. Progress in Energy and Combustion Science[J]1989, 15: 287-338.

[27] Park Y K, Vlachos D G. Kinetically driven instabilities and selectivities in methane oxidation[J]. A. I. Ch. E. Journal, 1997, 43(8): 2083-2095.

[28] Park Y K, Vlachos D G. Isothermal chain-branching, reaction exothermicity, and transport interactions in the stability of methane/air mixtures[J]. Combustion and Flame, 1998, 114(1-2): 214-230.

[29] ParkY K, Aghalayam P, Vlachos D G J. The Journal of Physical Chemistry A, 1999, 103(40): 8101-8107.

[30] Pfefferle L D, Griffin T A, Winter M, et al. The influence of catalytic activity on the ignition of boundary layer flows. Part I: Hydroxyl radical measurements[J]. Combustion and Flame, 1989, 76: 325-338.

[31] Pfefferle L D, Griffin T A, Winter M, et al. The influence of catalytic activity on the ignition of boundary layer flows. Part II: Oxygen atoms measurements[J]. Combustion and Flame, 1989, 76: 339-349.

[32] Raja L L, Kee R J, Deutschmann O, et al. Catalysis Today, 2000, 59(1-2): 47-60.

[33] Rankin A J, Hayes R E, Kolaczkowski S T. Annular flow in a Catalytic Monolith[J]. Transactions of the Institution of Chemical Engineers, 1995, 73(Part A): 110-121.

[34] Scholten A, van Yperen R, Emmerzaal I J. A zero $NO_x$ catalytic ceramic natural gas cooker. Fourth International. Workshop on Catalytic Combustion, San Diego, 1999(4): 14-16.

[35] Smith G P, Golden D M, Frenklach M, et al. The GRIMech 3.0, 1999.

[36] Song X, Williams W R, Schmidt L D, et al. Bifurcation behaviour in homogeneous-heterogeneous combustion: II. Computations for stagnation-point flow[J]. Combustion and Flame, 1991, 84: 292-311.

[37] TakenoT, Nishioka M. Brief communication: Species conservation and emission indices for flames described by similarity solutions[J]. Combustion and Flame, 1993, 92: 465-468.

[38] Trimm D L, Lam C W. The combustion of methane on platinum-alumina "fiber catalysts-I, kinetics and mechanism[J]. Chemical Engineering Science, 1980, 35: 1405-1413.

[39] Vlachos D G. Homogeneous-heterogeneous oxidation reactions over platinum and inert surfaces[J]. Chemical Engineering Science, 1996, 51(10): 2429-2438.

# 第 3 章　天然气催化燃烧炉窑辐射特性及实验研究

在稳定的催化燃烧状态下，通过红外高温计测得催化剂独石表面的温度在1200～1500K。根据维恩位移定律可计算出辐射的峰值波长（章熙民等，2001）。

$$\lambda_{max} \cdot T = 2897.6\ \mu m \cdot K \tag{3-1}$$

式中　$T$——物体表面温度，K；

$\lambda_{max}$——黑体的峰值波长，$\mu m$。

由此可知，天然气催化燃烧炉是在波长为 1.9317～2.4146$\mu m$ 的辐射下加热的。催化燃烧炉有比较强的辐射加热能力。在污染物排放方面，通过实验发现，火焰温度低于1500℃时，温度型 $NO_x$ 生成量很少；当火焰温度高于1500℃时，生成速度就变得明显，可见温度的影响对温度型 $NO_x$ 的生成有决定性的作用（廖传华等，2008）。然而，催化燃烧反应较低的活化能容许反应在贫碳氢化合物浓度下发生，因此，绝热反应的温度低于 $NO_x$ 形成的界限，并完全氧化，不形成 CO 和未完全燃烧的碳氢化合物，燃烧发生在常规气相易燃极限之外，故燃烧更加稳定。因此，通过天然气催化燃烧，天然气燃烧排放物 $NO_x$、CO 达到近零污染排放，同时燃烧效率达近 100%。$NO_x$ 的排放因素也被认为是指通过燃烧甲烷的催化炉中每燃烧 1kg 甲烷所产生 $NO_x$ 重量（g）。

## 3.1　天然气催化燃烧炉窑

表 3-1 为实验过程中所使用的天然气组分，其热值是通过气相色谱仪测得的。表中包括了各组分的体积含量、高热值、低热值和相应的密度。从表中可以看出该天然气的平均高热值为 37.4MJ/Nm$^3$、低热值为 33.7 MJ/Nm$^3$。

天然气组分　　表 3-1

| 组分 | $CH_4$ | $C_2H_6$ | $C_3H_8$ | i-$C_4H_{10}$ | n-$C_4H_{10}$ | $CO_2$ | $N_2$ | — |
|---|---|---|---|---|---|---|---|---|
| 含量(%) | 90.094 | 1.669 | 0.243 | 0.04 | 0.04 | 1.00 | 5.267 | — |
| 高热值 | 39842 | 70351 | 101270 | 113048 | 113885 | — | — | 37.4(MJ/Nm$^3$) |
| 低热值 | 35906 | 64397 | 93244 | 122857 | 123649 | — | — | 33.7(MJ/Nm$^3$) |
| 密度 | 0.717 | 1.355 | 2.01 | 2.691 | 2.703 | 1.977 | 1.250 | 0.761(kg/Nm$^3$) |

催化燃烧炉窑系统主要由供气系统、V 型催化燃烧器、炉窑主体构成。如图 3-1 所示，右边部分为供气系统。

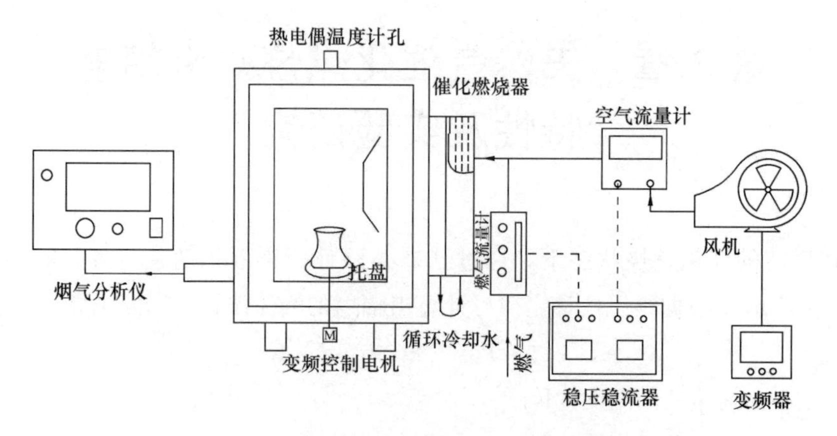


图 3-1　天然气催化燃烧炉窑系统示意图

天然气和空气以一定的比例送入混合装置，进入催化燃烧器燃烧释放热量。天然气流量由微调旋钮手动控制；空气由漩涡风泵鼓入室内空气，通过变频器控制风机转速。天然气和空气的流量分别通过燃气体积流量计和空气体积流量计计量；稳压稳流器（24～220V）的主要功能是为两个流量计提供电源。

炉窑右侧外接 V 型催化燃烧器，是炉窑系统的核心部分，结构如图 3-2 所示。V 型催化燃烧器由两块正方形催化剂独石并排放置组成，两块催化剂独石与腔体间用了两块空白蜂窝陶瓷独石。本系统采用完全预混式燃烧。为防止燃烧器在燃烧过程中温度过高，采用冷却循环水给燃烧器降温。

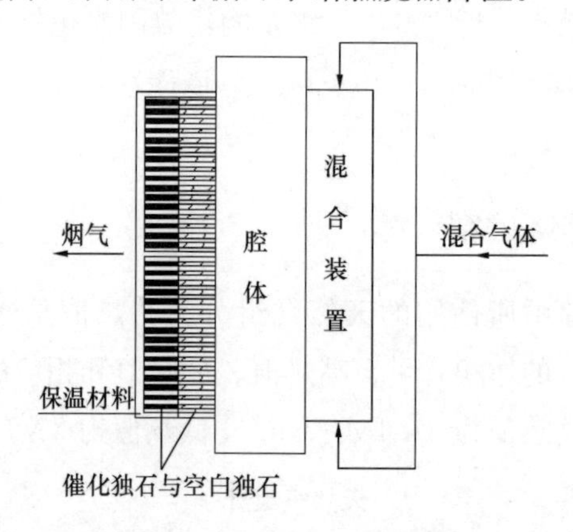


图 3-2　完全预混式燃烧器结构

炉窑作为系统的主体部分，物体在炉窑内获得热量而被加热。实物如图 3-3 所示，炉窑外部材质为耐高温不锈钢板，外部尺寸为 500mm×500mm×650mm。内部炉膛尺寸为 370mm×150mm×300mm，内壁用厚度为 80mm 的石棉板保温。

图 3-3　炉窑实物图

放置待加热物体的耐高温金属托盘位于炉膛中心处，由下部的电机带动控制旋转速度。炉窑上方外接直径为 1mm 的 K 型热电偶温度计，可精确测量炉膛内各个高度的温度。炉窑排气口位于左侧中心靠下处，炉窑为平开门，其上也布置了石棉，增强炉窑保温的同时也使炉窑有良好的气密性。

## 3.2　实验介绍

研究了天然气催化燃烧炉窑的辐射换热情况及其应用于釉陶、唐三彩及琉璃瓦的烧制。实验分为两个部分，第一部分实验分为两组进行：第一组对催化燃烧器表面在大空间中的温度进行测量，以了解 V 型催化燃烧器在没有空间限制情况下的辐射换热效果；第二组对炉窑门启闭前后及稳定催化燃烧状态下炉窑内部温度分布的测量，以了解天然气催化燃烧炉窑内部温度的分布情况。用获得的实验数据计算封闭炉窑内的辐射换热。

第二部分为应用天然气催化燃烧炉窑进行烧制釉陶、唐三彩与琉璃瓦的探索实验，获得最优的工艺。

实验中使用的仪器详细参数见表 3-2。第二部分实验用到移动式红外气体分析仪，红外传感器的精度为±2%，线性误差小于±2%。$O_2$ 测量量程为 0～25%，测量精度为±0.2%；其余气体 CO、$CH_4$、NO、$NO_2$ 测量精度均为±5%。$CO_2$ 测量最小量程为 0～3%，最大量程为 0～100%。

实验中各仪器参数表　　表 3-2

| 名称 | 型号 | 量程 | 精度 |
|---|---|---|---|
| 热电偶温度计 | 307p | −50～1300℃ | 0.1℃ |
| 红外测温仪 | UX-20P（姚仪牌） | 600～3000℃ | ±0.5% |
| 红外气体分析仪 | MGA5（德国名优公司） | — | ±2% |

首先将镀有催化剂的独石表面划分为 18 个 50mm×50mm 的测温区域，如图 3-4 所示。在燃烧器点火前需要对燃烧器内部的混合腔进行吹扫 5min 左右，以确保内部无残留燃气。初次点火过程中，先将过量空气系数调整到 1.2 左右进行气相燃烧，从而达到预热的目的，期间观察催化剂独石表面，待表面火焰基本消失且内部变为红色时，将空气量调大，使过量空气系数达到 2.0 左右，此状态为催化燃烧的稳定状态。

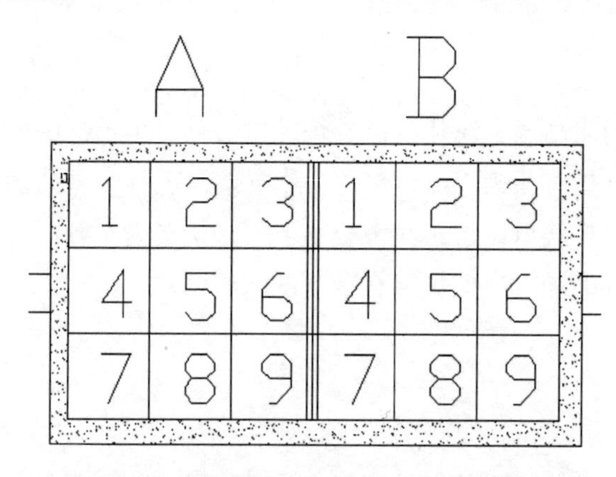


图 3-4　催化燃烧器表面划分区域示意图

对于炉窑系统，燃烧启动前首先打开循环水泵，冷却水循环 5min 后再运行风机对炉膛进行吹扫，启动燃烧过程如上所述。进入到催化燃烧状态后，天然气流量为 5.0L/min，此时炉窑输入功率为 2.9kW。待燃烧稳定后缓慢关闭炉窑门，当实验进行 70～80min 时，炉窑门完全关闭。分别在炉窑门关闭之前与关闭之后，通过热电偶温度计对炉膛内部垂直方向温度进行测量，托盘的中心位置点计为垂直高度的零点，用热电偶记录炉膛温度。

## 3.3 天然气催化燃烧炉的温度及热辐射

图 3-5 为输入功率为 4～13kW 范围内，催化剂独石表面温度和独石通道外距离出口 5mm 处的温度变化曲线。从图中可以看出，输入功率为 4kW 时，催化剂表面温度为 920℃左右，并随着输入功率的增大而升高。当输入功率达到 12kW 左右时，其表面温度达到一个峰值（1100℃左右），并开始呈现下降的趋势。通道出口处的气体温度与其变化趋势大致上是一致的。

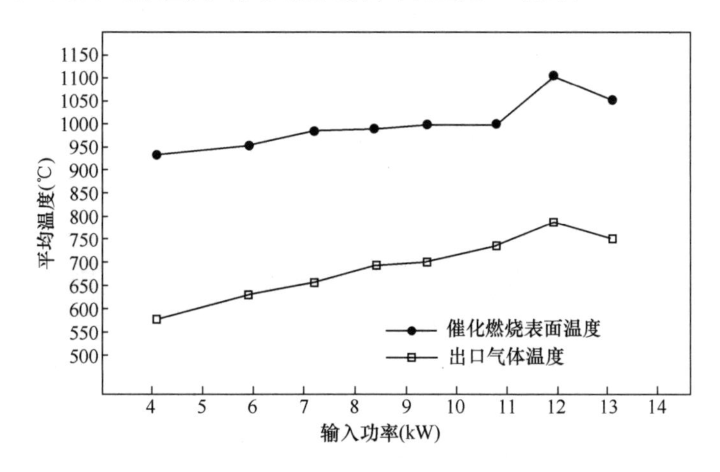


图 3-5 不同功率条件下，催化 V 型燃烧器表面平均温度及出口处的气体温度变化趋势

观察到输入功率高于 12kW 以后，催化燃烧器表面开始出现亮斑，过一段时间后亮斑处逐渐变黑。说明这时输入功率已经超过了燃烧器的承载极限，催化剂开始失活（Zhang 等，2011）。

针对本实验 V 型催化燃烧器中催化剂的承载能力，V 型催化燃烧器表面温度一般在 950℃，由维恩位移定律可计算出燃烧器的峰值辐射波长在 2.369$\mu$m 左右，因红外线的区段为 0.76～20$\mu$m，所以催化燃烧器表面为红外辐射。在电磁波谱中，热辐射的大部分能量来自于红外线。

V 型催化燃烧器置于大空间中，燃烧器表面对大空间的辐射换热可认为是点对大空间的辐射换热。此时辐射效率（*RE*）就是催化剂表面向外界输出的辐射热和燃料燃烧的发热量之比（张世红等，2008），见式（3-2）。V 型催化燃烧器表面上的温度对辐射换热起决定性作用。

$$RE(\%)=100\times\frac{\text{辐射换热量}}{\text{热输入}}$$

$$=100\times\frac{FA\varepsilon_{\mathrm{eff}}\sigma(T_{\mathrm{s}}^{4}-T_{\mathrm{a}}^{4})}{\dot{V}_{\mathrm{CH_4}}\times CV_{\mathrm{CH_4,net}}} \tag{3-2}$$

式中 $\sigma$——黑体辐射常数，5.67×$10^{-8}$W/（$m^2$・$K^4$）；

$T_s$——V型催化燃烧器表面温度；

$T_a$——V型催化燃烧器表面所处空间内的空气温度，27℃；

$F$——燃烧器表面对周围介质的梗概系数，本实验中取0.6（Zhang等，2017）；

$A$——实验用独石表面积；

$\varepsilon_{\mathrm{eff}}$——本实验中取0.5；

$\dot{V}_{\mathrm{CH_4}}$——天然气流量（天然气主要成分为甲烷），N・$m^3$/s；

$CV_{\mathrm{CH_4,net}}$——标准状态下天然气的低热值，34.54MJ/（N・$m^3$）。

V型催化燃烧器表面温度从图3-5得到，计算出输入功率为4～13kW时V型催化燃烧器表面在大空间的辐射效率，结果见图3-6。从图中可以看出，输入功率在4kW时有最大的辐射效率，效率值为40%左右。并且随输入功率的增加，辐射效率呈下降趋势。因输入功率在12kW以后V型催化燃烧器的燃烧状态极不稳定，催化剂也容易失活中毒，因此，输入功率高于12kW的辐射效率在此不做讨论。

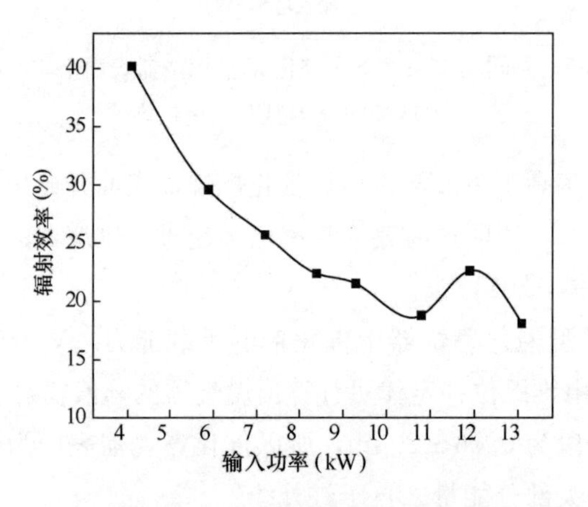


图3-6 不同功率下，V型催化燃烧器辐射效率曲线

当炉窑输入功率为2.9kW时，测得炉窑门关闭前后炉窑内部垂直方向温度曲线如图3-7所示。在燃烧启动后，炉窑门为开启状态时由于与外界空气相通，测得炉膛内温度较低，垂直方向炉膛温度增长较快，垂直高度0～13cm范围内温度增长了150℃。在全部关闭炉窑门以后，炉膛内温度稳定在500℃左右，缓慢增长，垂直高度0～13cm范围内温度增长小于100℃，增长速率相比于关闭炉窑门前较小。在催化燃烧炉窑门关闭后，炉膛内部垂直方向的温度变化不大，有

利于被加热物体在炉窑内均匀受热。

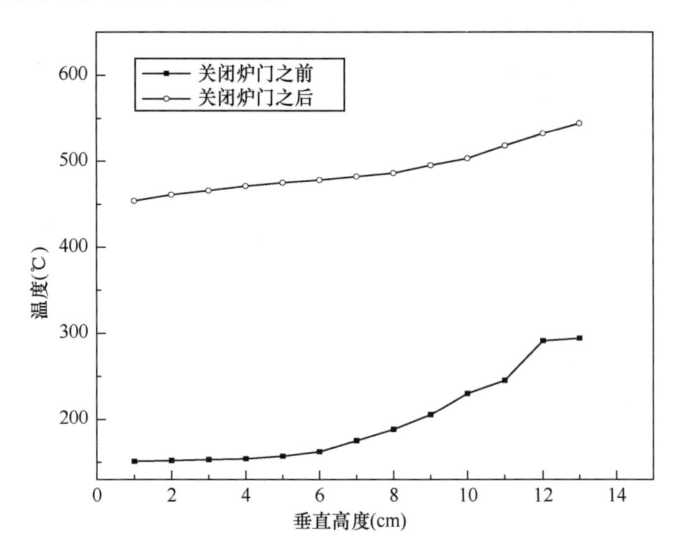


图 3-7　炉膛内部垂直方向的温度分布

当达到稳定的催化燃烧后，催化燃烧器表面为无焰燃烧，呈红色。天然气催化燃烧炉窑内催化剂独石表面与壁面的辐射换热近似认为是封闭腔的两个灰表面间的辐射换热，采用式（3-3）（Zhang 等，2017）：

$$\phi_{1,2}=\frac{A_1\sigma(T_1^4-T_2^4)}{\left(\frac{1}{\varepsilon_1}-1\right)+\frac{1}{X_{1,2}}+\frac{A_1}{A_2}\left(\frac{1}{\varepsilon_2}-1\right)} \tag{3-3}$$

式中　$\phi_{1,2}$ ——炉窑内催化剂独石表面与壁面的辐射换热，kW；

$T_1$ ——V 型催化燃烧器表面温度；

$T_2$ ——天然气催化燃烧炉窑炉膛内壁温度；

$X_{1,2}$ ——燃烧器表面对炉膛内壁的角系数，本实验中取 1；

$A_1$ ——V 型催化燃烧器表面积；

$A_2$ ——炉膛壁面表面积；

$\varepsilon_1$ ——堇青石蜂窝陶瓷的发射率，取 0.5；

$\varepsilon_2$ ——炉膛内壁的发射率。

炉窑内部壁面为保温石棉板，其发射率为 0.85；认为离开催化剂独石受热面的辐射能全部落到炉窑内壁面上，则燃烧器表面对炉膛内壁的角系数取 1；催化燃烧器受热面面积为 0.045m²；除催化燃烧器表面外，炉膛壁面表面积之和为 0.378m²；催化燃烧器表面平均温度取 1100℃，当天然气流量为 8.5L/min（此时输入功率为 4.893kW）时，炉窑内壁平均温度为 900℃。理想状态下的炉窑内六面体是一个绝热的系统，但是由于炉窑实验系统本身结构如图 3-1，造成炉窑部分输入热量会在预混合装置及催化燃烧器处散发到周围环境中去。此种情况得到天然气催化燃烧炉窑内部的辐射换热量为 2.097kW，辐射换热量约占输入功率的 42%。因炉窑处于封闭空间中，催化燃烧器表面输出的辐射热会在炉窑内部被来回反射，所以其不同于燃烧器在大空间的辐射换热。炉窑内部辐射能占比与上图中催化燃烧器表面的辐射效率相比较高，表明催化燃烧炉窑具有较高的辐射强度，可以充分利用其辐射能量来加热物体。

炉窑内部的辐射换热及传热效果受炉窑结构和保温性能的影响。因此，从这两方面对炉窑进行改造。

一是将炉窑左侧面排气口的位置从中心位置处平移到底部，与 V 型催化燃烧器底部平齐，这样可增加热空气在炉膛内的停留时间，改善炉内的气流组织情况，减少能源的浪费。

二是增强炉窑的保温性能。天然气与空气在炉窑混合装置处充分混合后进入燃烧器燃烧释放热量，而混合装置处并没有保温石棉等保温材料，此处会散失部分热量。给炉窑混合装置外部增加一层压缩保温材料，同时加厚炉膛壁面的保温石棉板，改进后可使炉窑的保温效果大大提高。

## 3.4 应用炉窑烧制陶器实验

陶器在烧制之前，使用的是陶坯，如图 3-8 所示。

图 3-8　烧制之前的陶坯

在实际的烧制过程中，需要结合催化燃烧炉窑的燃烧特性和陶坯的烧制温度要求，不断尝试才能烧制出完整的成品。只有形成了一定的烧制经验以后，才能保证实验中催化燃烧炉窑能够保持正常的催化燃烧。

实验通过调节燃气流量测量了不同的输入功率下，炉膛中心位置温度的变化。在测量温度的同时，测量了催化燃烧炉窑在催化燃烧过程中污染物的排放特性。热电偶测温仪测头的位置正对 V 型催化燃烧器的燃烧面，且在烧制过程中放置的陶坯的中心也在此。

烧制后的陶坯如图 3-9 所示，胎质比较细腻。

图 3-9 烧制后的陶坯

釉陶即一种施低温釉的陶器，是以陈设性、装饰性为主导的工艺陈设品，包含着生活所需及艺术审美，保留了民间艺术的原生性与传统性。黄色釉陶以铁为着色剂，铅为熔剂。陶器上施釉可以降低陶器的吸水率。传统方法经 700～900℃的温度一次即可烧成。图 3-10 为烧制之前的釉陶，施釉后表面呈灰色。

图 3-11 为天然气催化燃烧炉窑烧制的釉陶成品照片，此次实验釉陶为葫芦状。从外观上看胎体完整、没有变形，因催化燃烧器以高温辐射的方式向周围放热，釉陶受热均匀，经装水试验后陶器没有开裂，也没有漏水。釉面颜色为黄色，成色比较均匀，质地光滑且有一定的亮度。釉紧紧附着在胎上，色泽柔和，表面平整光滑，整体看来造型精美、朴素古拙、色泽艳丽、精致细腻，具有很好的装饰效果和较高的艺术价值。

烧制釉陶时控制炉窑内的温度是能否烧制好的关键，通过调节炉窑门的开度和改变炉窑的输入功率，使炉窑内温度缓慢上升，保证烧制的釉陶不会变形、开裂，坯釉紧密结合。当温度 5min 内不再上升时，及时调节炉窑门的开度，改变

图 3-10 施釉待烧的釉陶

图 3-11 烧制的釉陶成品

炉窑内部气流、气压大小，使温度均匀升高。

图 3-12 是其中一次实验固定点测得的炉膛内部温度随时间的变化过程，结合传统的釉陶烧制工艺，最终温度控制在 840℃左右。如图所示，以点火为零点

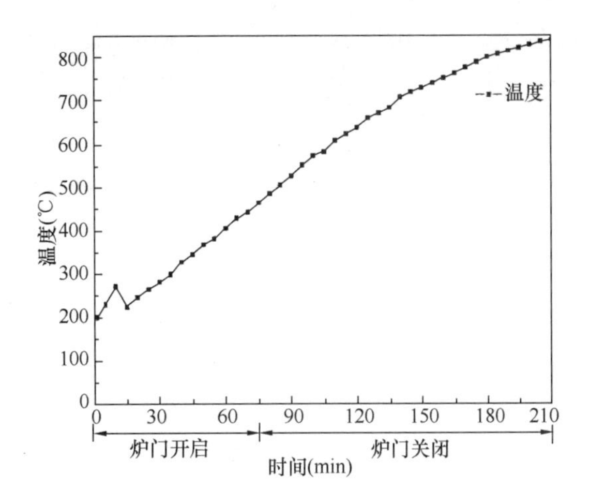


图 3-12　烧制釉陶时炉窑内温度随时间的变化曲线

开始计时，前 20min 为催化燃烧的启动阶段，因为刚启动时，天然气和空气的比例为普通的火焰燃烧，所以温度逐渐升高，在实验 15min 时温度达到最高点 287℃；调节过量空气系数为 2 左右，温度在 20min 时降到最低为 203℃，然后天然气开始进行催化燃烧，温度缓缓升高；在实验进行 75min 时炉窑门被全部关闭，温度为 475℃；温度稳定均匀地升高，保证了烧制过程中釉陶不会因为温度的骤然升高而崩裂，当温度达到 720℃时增长比较缓慢，每 5min 升高 10～15℃，直至温度达到 840℃后基本不再升高。保温 20min 关闭燃气，从而保证烧制的釉陶质量。这也说明了催化燃烧炉窑适合釉陶的烧制。

图 3-13 为烧制釉陶时，天然气催化燃烧炉窑出口烟气中 CO 和 $NO_x$ 体积分数的变化情况，以点火为零点开始计时，可以看出在实验开始 20min 内，即启动催化燃烧状态时，CO 的体积分数相对于催化燃烧状态时较高，是先升高到最高

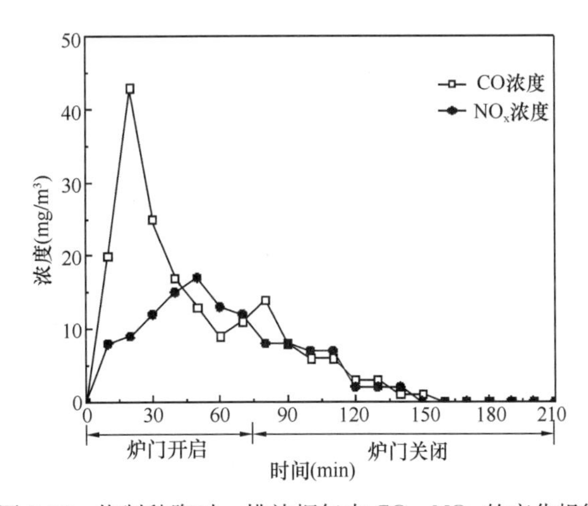


图 3-13　烧制釉陶时，排放烟气中 CO、$NO_x$ 的变化规律

点 43mg/m$^3$ 随后逐渐降低，与温度的变化趋势是相同的。随后进入催化燃烧状态，直到炉窑门全部关闭，即 75min 时，CO 的体积分数变化趋势比较平稳，最低达到 8mg/m$^3$。门关闭的瞬间由于炉膛内部与外界空气隔断，CO 升至 14mg/m$^3$，远小于北京市工业炉窑允许排放限值。之后炉膛内气压逐渐稳定，CO 体积分数变化不大，到实验进行到 140min 时温度达到 700℃之后，CO 与 $NO_x$ 基本都是接近零。

在这期间，烟气中排放物体积分数的变化也受反应物流量随时间调节的快慢及催化剂老化程度等影响。

在实验开始时温度较低，所以 $NO_x$ 体积分数较低；随着实验的进行温度升高，$NO_x$ 体积分数也在缓慢增长；在中间烧制过程中，$NO_x$ 的体积分数很不稳定，所以要求严格控制炉窑温度。在这个燃烧过程中 $NO_x$ 体积分数达到最大值 18mg/m$^3$，从整个实验过程测定的 CO 与 $NO_x$ 污染物含量上可以得到催化燃烧炉窑低污染的特性。

## 3.5 天然气催化燃烧炉窑烧制唐三彩

古代唐三彩的制备工艺：首先将用于制坯的矿土进行挑选，舂捣、淘洗、沉淀，然后晾干，在模具中进行成型，制作成素坯，最后进行烧制。从近年来发现的烧制唐三彩的窑址（主要有河南巩义县窑、河北内丘邢窑、陕西铜川黄堡窑）以及出土的窑具可以推出唐三彩的烧制技术：二次烧制法烧制。第一次为烧坯，通常称之为素烧，温度在 1000～1100℃。第二次烧制为烧釉，对于已经烧制成的唐三彩素坯进行施釉，然后进行低温烧制（温度为 850～950℃）。二次烧制对于已经烧坏的素烧坯件，不再进行上釉，节省了釉料，提高了唐三彩的成品率。最后进行开脸，即经过画眉、点唇、画头发，形成完整的唐三彩。这些烧制方式对于燃料的利用率较低，而且生成大量的粉尘、氮的氧化物、二氧化硫、一氧化碳等污染物，对环境造成严重的影响。

简单来说，古代唐三彩的烧制工序就是坯料制备→泥胎成型→泥胎干燥→素烧→上釉→釉烧→成品。

由于烧制唐三彩的整个过程要经历多个工序，比较复杂，并且时间的跨度比较大，故需结合实验室的具体设备情况、人员及时间安排。研究釉烧到成品的阶段是很有意义的，图 3-14 为施釉的素坯。

施釉的素坯经过天然气催化燃烧炉窑的烧制变成成品。

在烧制的开始阶段，通过调节炉窑门的大小来调节温度；关闭炉窑的炉门后，通过调节输入的燃气流量来调节。因为只有炉窑的一个侧面安装有 V 型催

图 3-14　未烧制的施釉素坯

化燃烧器，为了使陶器的受热均匀，炉膛中安装了可以调节转速的托盘，使素坯受热更均匀。均匀的受热能有效地控制胎和釉的膨胀系数，使得釉层均匀，胎釉结合得紧密。对于彩釉熔融阶段，经过多次实验，天然气催化燃烧炉窑的烧制温度最好在 850℃。（祝立强，2015）。

实验中，通过调节炉窑门的打开程度以及天然气和空气的输入流量，来提高和控制炉膛的温度。

从图 3-15 中可以看出，在空烧过程中，温度随烧制时间较均匀地上升，到

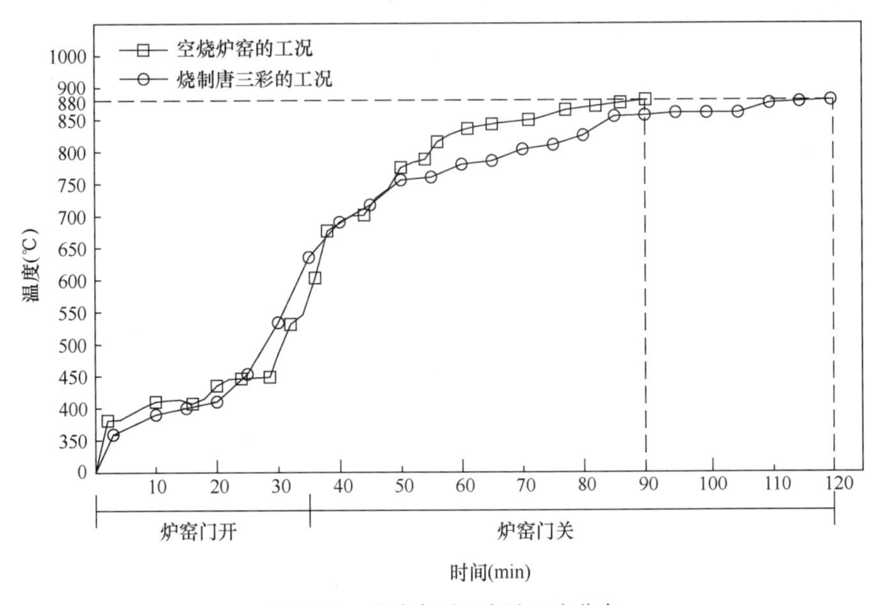


图 3-15　炉膛中测温点处温度分布

第 90min 时，炉膛中的温度已经可以达到 880℃。说明天然气催化燃烧炉窑能满足烧制唐三彩的温度要求。在烧制过程中，温度随时间均匀升高，保证了素坯本身不会因为温度的骤然升高而崩裂，从而提高了唐三彩的烧制质量。

无论是空烧工况还是烧制唐三彩的工况，$NO_x$ 的含量都非常低，这是因为炉窑门是敞开的，有一部分空气混入到炉窑产生的烟气中，稀释了 $NO_x$，使得其含量很低。当炉窑门关闭后，空烧的工况和烧制唐三彩的工况 $NO_x$ 都是随着温度、时间的增加而升高。当温度达到烧制需要的 850℃时，两种工况下产生 $NO_x$ 的含量很接近，基本稳定不变。整个烧制过程，$NO_x$ 的排放含量都非常低，远远小于国家规定的 200mg/$m^3$。同时相比已使用清洁燃料天然气的工业炉窑，因为它的燃烧方式是火焰燃烧，温度大部分都在 1200℃以上，而此时 $NO_x$ 的生成量随温度为指数递增的关系，产生大量的 $NO_x$。

唐三彩素坯及彩釉，在高温的烧制条件下，产生了 CO，随着烧制时间的推移、反应物的慢慢减少，使得产生 CO 的量也逐渐下降。天然气催化燃烧炉窑产生的 CO 含量较低，属于低污染的炉窑。

在催化燃烧器独石表面取烟气，中国计量科学研究院测量稳定的催化燃烧状态下烟气的含量，如表 3-3 所示。

**催化燃烧器独石表面燃烧烟气检测报告（检测单位：中国计量科学研究院）**

**表 3-3**

| 编号：NHqt2007-5313 | | |
|---|---|---|
| 检测报告 | | |
| 产品名称 | 混合气体 | |
| 受检单位 | 北京建筑工程学院 | |
| 委托书编号 | 07-098551-01 | |
| 抽样地点 | 送样及现场检测 | |
| 样品数量 | 3 个 | |
| 检测依据 | GB/T 10628—1989 标准混合气体组成的测定比较法 | |
| 检测项目 | 天然气中硫化氢含量，混合燃气中氧含量，烟气中氧、一氧化碳、二氧化碳、甲烷、二氧化氮含量 | |
| 检测仪器 | 气相色谱仪（岛津-8A 型、岛津-14C 型）、德尔格检测管 | |
| 检测环境条件 | 温度：22.5 湿度：18.6%（RH）其他：101.0kPa | |
| 样品名称 | 项目 | 含量 |
| 混合燃气 | 氧 | 氧 19.9%v/v |
| 天然气 | 硫化氢 | $1.63\times10^{-6}$mol/mol（2.47mg/$m^3$） |
| 烟气 | 氧 | 9.65%v/v |
| | 二氧化碳 | 6.25%v/v |
| | 二氧化氮 | $<0.5\times10^{6}$mol/mol（1.03mg/$m^3$） |
| | 一氧化碳 | $4.53\times10^{6}$mol/mol（5.66mg/$m^3$） |
| | 甲烷 | $0.432\times10^{6}$mol/mol（0.309mg/$m^3$） |

从表3-3中可以看出烟气中甲烷的含量为0.309mg/m$^3$。催化燃烧炉窑未燃烧的甲烷含量很低，具有很高的燃料利用率，充分利用了燃料的能量。

图3-16为用天然气催化燃烧炉窑烧制的双系扁壶唐三彩。天然气催化燃烧炉窑的终温是850℃。针对所用的天然气催化燃烧炉窑，从多次的烧制结果来看，烧制终温在超过900℃后，彩釉出现烧焦的情形。

图3-16　双系扁壶唐三彩成品

从外观上看，用天然气催化燃烧炉窑烧完的唐三彩胎体完整，没有变形、开裂，胎釉结合紧密。

从颜色上来看，胎体主要有白、黄、绿、紫四种颜色交错使用，经过高温辐射的烧烤，四种颜色都有不同程度的浸漫和流淌，形成了自上而下的弯曲彩带。随着胎体表面凹凸变化，附着在凤凰造型表面，形成了变幻莫测、自然天成的垂流条纹，最终呈现出一幅很具魅力的抽象画，艺术气息强烈。整体看来釉面较新，有一定的亮度，手感十分光滑。

仔细观察可以看出，用天然气催化燃烧炉窑烧制的唐三彩通体开片均匀。这是因为天然气催化燃烧为无焰燃烧，热量通过整个表面均匀向外辐射，避免了火焰燃烧中局部高温的现象。烧制产生的纹路相对于工业炉窑烧制的唐三彩更加细碎且纹路短，更符合唐三彩因开片而形成的独特美感。综上分析表明烧制过程及烧制时间掌握得比较好，成品已经超过了工业炉窑烧制的唐三彩，结合唐三彩千变万化的造型，更能赋予其不同的寓意，使其不仅仅是工艺品，更具有较高的艺术价值。

图 3-17 是烧制后的唐三彩容器。

图 3-17　唐三彩容器

天然气催化燃烧炉窑是节能、环保、高效的工业炉窑，其炉气具有一定的氧化性，非常适合唐三彩及上釉陶器的烧制，炉内氧化性强，使着色剂全部氧化，因此釉色更加鲜艳，将节能环保的天然气催化燃烧炉窑应用到唐三彩的烧制有较高的实用价值。

## 3.6　炉窑烧制琉璃瓦的研究

对于琉璃瓦的研究主要包括坯的原料研制及釉料的研制和表征，而烧制琉璃瓦的窑炉方面的研究较少。传统琉璃瓦的烧制需要经历 20 多道工序。琉璃瓦以坩子土为原料，通过制坯、修整成型然后晾干或烘烤后入窑“素烧”，素烧温度在 1000～1150℃，素烧后的瓦表面是白色的。完成上釉工序后，进行二次烧制，称为“彩烧”，彩烧的温度低于素烧，控制在 850～1000℃。

如图 3-18 所示，施釉后的琉璃瓦表面均为红色，在上完釉的琉璃瓦表面统一施了一层红色釉料，并不影响烧制效果。为了使琉璃瓦釉面受热均匀、流淌，将琉璃瓦用耐高温的陶瓷支座支撑竖直放置在转盘上。

图 3-18　二次烧制之前的琉璃瓦素坯

控制好炉窑内的温度是决定烧成琉璃瓦当质量的关键因素。应保证温度尽量接近烧成温度上限，并保温一定时间，保温时间的长短对胎釉中间层的发育起到一定作用，保温时间适当，依靠釉料对坯体的物理渗透，增加中间层的发育和坯釉结合反应时间。琉璃瓦经久不衰，釉面不易剥落。经过几次实验，烧成的琉璃瓦颜色鲜艳透亮，釉面非常平滑。

本实验采用自然冷却的方法，经自然冷却 10h 后琉璃瓦出炉，冷却过程需缓慢，否则也会影响烧成琉璃瓦当的质量。

窑炉内烧成气氛的不同对琉璃瓦当的性能产生很大影响，尤其对颜色釉的呈色效果上。从表 3-4 中可以看出，烟气中 $O_2$ 与 $CO_2$ 的含量都是在 90min 时有较大的变化，$O_2$ 体积分数迅速减少，$CO_2$ 体积分数迅速增加。其中 $O_2$ 含量基本从 21%降到 10.43%，而 $CO_2$ 的含量从 0.03%增长到约 6%，导致这种变化的原因是炉窑门的关闭，在炉窑门关之前烟气混入外界大气，烟气中 $O_2$ 和 $CO_2$ 基本为大气含量。炉窑门关后，$O_2$ 与 $CO_2$ 的含量接近实际燃烧产生烟气中的含量。同时发现在整个实验过程中，基本没有排放 $NO_2$ 污染物。随着实验的进行，2h 后催化燃烧烟气中的 CO、NO、$CH_4$ 等污染物也接近零排放，说明了催化燃烧炉窑的洁净性，对环保有重要意义。

烧制过程中排气口处烟气中各气体含量　　表 3-4

| 时间/min | $O_2$ | $CO_2$ | CO | NO | $NO_2$ | $CH_4$ |
|---|---|---|---|---|---|---|
| 0 | 21.05 | 0.03 | 6 | 15 | 0 | 33 |
| 30 | 21.17 | 0.01 | 8 | 23 | 0 | 10 |
| 60 | 21.21 | 0.02 | 10 | 24 | 0 | 0 |
| 90 | 10.43 | 6.07 | 13 | 24 | 1 | 0 |
| 120 | 10.59 | 5.91 | 4 | 0 | 1 | 1 |
| 150 | 10.74 | 5.83 | 2 | 0 | 0 | 0 |
| 180 | 10.90 | 5.72 | 0 | 0 | 0 | 0 |
| 210 | 10.82 | 5.76 | 0 | 1 | 0 | 0 |
| 240 | 10.80 | 5.73 | 0 | 0 | 0 | 1 |
| 270 | 10.76 | 5.83 | 0 | 0 | 0 | 1 |

注：表中 $O_2$ 和 $CO_2$ 单位为%，CO、$CH_4$、NO、$NO_2$ 单位为 ppm。

对于炉窑内气氛的控制，关键是稳定压力的控制和确保贫天然气/空气稳定地进行催化燃烧。发现在调节炉窑门开度的瞬间，速度稍微大一点就会引起炉窑内部气流强烈的扰动，气压改变进而引起炉内温度的变化，所以必须注意缓慢调节炉窑门的开度，并精确控制。在炉门关闭瞬间，由于炉内关闭前后存在气压差，会引起空气量及天然气流量的变化，这时要在关闭瞬间调节天然气及空气的流量，使其保持炉门关闭前的流量。燃烧器表面催化燃烧的稳定性与混合气体的均匀度相关。

黄色在建筑琉璃釉里代表着尊贵与权力。图 3-19 为用催化燃烧炉窑烧制的黄色琉璃瓦当，首先从外观可以看出烧成的琉璃瓦当成品非常美观，光滑平整，没有变形、龟裂现象；龙的造型纹样规整清晰，显得生动活泼；在强光下仔细察看，琉璃瓦当的总体色调一致，有较好的光泽度，并且其釉面非常透亮，独具特色。但对于琉璃瓦当成品的价值评判不止于外观，坯体的显气孔率等物理因素也会影响琉璃瓦的实用性能；胎釉热膨胀系数满足釉的膨胀系数小于坯的膨胀系数，烧制的琉璃瓦釉面不易脱落等，这些都有待深入研究。

催化燃烧的特点之一是富氧贫燃料无焰燃烧，也就是说通常无法直接气相燃烧，低浓度燃气都可以通过催化燃烧来获得热能。催化燃烧炉窑形制较小，琉璃的烧制比普通砖瓦更需要温度的平衡，窑体小更有利于集中火力和控制受热面。同时，催化燃烧具有能够按照工艺要求设定温度曲线进行升降温，对温度的把握性较好，并且节能环保的特点。

天然气低碳催化燃烧炉窑烧制得到的琉璃瓦纹路细腻、清新透亮，且没有变形、开裂等现象，胎釉结合紧密、手感光滑、艺术气息强烈、极为美观。相比于故宫所用，天然气催化燃烧炉窑所烧制的琉璃瓦在光泽度上也是光彩夺目，如图 3-20、图 3-21 所示。

图 3-22 是用催化燃烧炉窑多次总结经验并烧制出来的狮子琉璃成品。

图 3-19　催化燃烧炉窑烧制的琉璃瓦当

图 3-20　天然气催化燃烧高温热辐射烧制的琉璃瓦——象

图 3-21 天然气催化燃烧高温热辐射烧制的琉璃瓦——鱼

图 3-22 催化燃烧炉窑烧制的狮子琉璃成品

狮子自古以来是我国最受欢迎的吉祥物，是气势磅礴、威猛勇敢的象征。本来是冷冰冰的狮子泥胎，但是经上釉用催化燃烧炉窑烧制而成后被赋予了生命，外观光滑整洁，釉色鲜亮纯正，造型纹样规整清晰，彼此咬合一致。通过催化燃烧的方式方法，将其自身特有的创造性和装饰性完美地展现出来，给人以审美享受和视觉美感。

由于传统烧制方法对能源的利用率很低，排放的烟气也有很大污染，且烧制过程中升温缓慢、效率很低、过程复杂、费时费力。而天然气催化燃烧几乎避免了硫化物的产生，同时 $NO_x$ 和 CO 的排放量大大减少，因此，天然气低碳催化燃烧炉窑在琉璃瓦烧制方面将会有很大的应用前景。

## 3.7　结论

研究了 V 型催化燃烧器在大空间及炉窑内部的辐射换热情况，说明了催化燃烧炉窑内部具有较高的辐射强度。在排气口位置、炉窑内保温层等方面对炉窑结构进行了改进，增强了炉窑的传热效果。

通过天然气催化燃烧炉窑对陶器、唐三彩及琉璃瓦的烧制，总结出分三阶段控制炉温的烧成及炉内的强氧化气氛，使烧成的琉璃瓦成品更透亮、颜色均匀、坯釉结合良好、美观。对炉窑烟气的测定得知，当炉温达 700℃时，炉窑出口污染物 NO、CO、$CH_4$ 为近零排放。

## 参考文献

[1]　廖传华，史勇春，鲍金刚．燃烧过程与设备[M]. 北京：中国石化出版社，2008.

[2]　章熙民，任泽霈，梅飞鸣．传热学(第四版)[M]. 北京：中国建筑出版社，2001.

[3]　祝立强．天然气催化燃烧炉窑特性及烧制唐三彩研究[D]．北京：北京建筑大学，2015.

[4]　张世红，[法] Dupont Valerie ，周琦，等．天然气催化燃烧近零污染物排放机理和应用[M]. 北京：科学出版社，2008.

[5]　Zhang SH，Li N，Wang ZH. MECHANISMS AND APPLICATIONS OF CATALYTIC COMBUSTION OF NATURAL GAS. Frontiers in Heat and Mass Transfer[J].

[6]　Shihong Zhang，Fangjing Jia，Rui Zhang. STUDY ON THE CHARACTERISTICS OF CATALYTIC COMBUSTION FURNACE OF NATURAL GAS AND INFLUENCE OF ITS EXHAUST GAS TO PLANT. Frontiers in Heat and Mass Transfer[J]. 2017.

# 第 4 章　天然气催化燃烧炉烟气的研究

相比传统的气相天然气燃烧方式，催化燃烧作为一种新型的燃烧方式能够在低浓度碳氢化合物与空气的混合物下燃烧，并且 CO、$NO_x$ 的排放量接近于零。以实验的方法，研究了天然气低碳催化燃烧烟气对生物体的影响。由结果得知，催化燃烧烟气对于动物的伤害更小，没有明显的健康影响。低碳催化燃烧烟气对植物的生长有促进作用。通过催化燃烧与气相燃烧烟气成分的对比研究，体现了催化燃烧技术具有很高的燃烧效率和近零污染排放的双重优势，这对于发展低碳能源战略具有非常重要的意义。

## 4.1　催化燃烧烟气对 CD-1 雌性小鼠的实验

催化燃烧烟气对生物体影响的研究实验系统如图 4-1 所示，研究催化燃烧烟气和普通燃烧烟气对小鼠健康状况的影响。

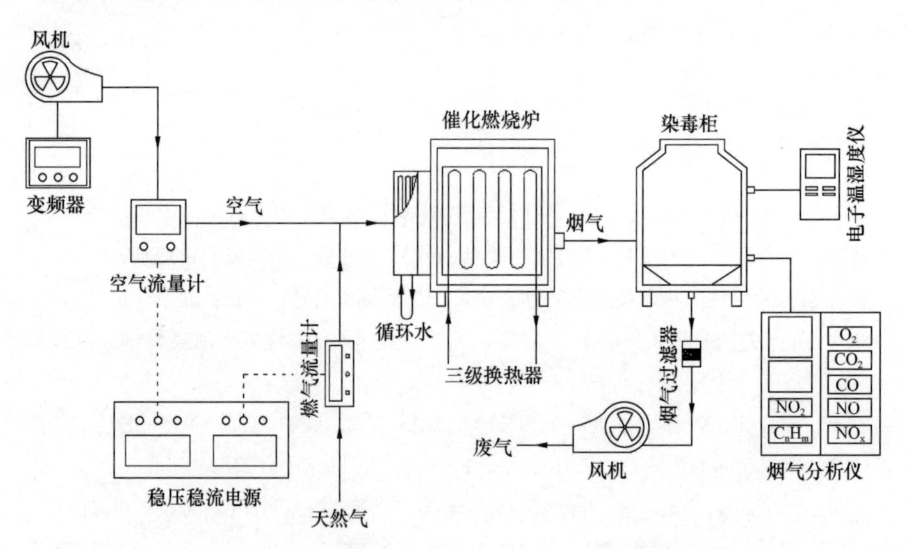


图 4-1　催化燃烧烟气对生物体影响的研究实验系统

本次实验所使用的催化燃烧器为两块独石并排的催化燃烧器。所用基体为堇青石蜂窝陶瓷，基体内表面上镀着活性催化组分钯（Pd）和铑（Rh），其活性组分比例为 11∶1，基体的截面尺寸为 150mm×150mm，厚度为 20mm。独石的孔道尺寸为 1mm×1mm，孔板壁厚 0.18mm，催化剂基体软化温度为 1380℃。因此，每块镀有催化剂的独石在催化燃烧过程中所能承受的最大输入功率为 5kW。

本次实验使用质量流量计来测量燃气量及空气量。燃气流量测量表型号为 GMS0050BSRN200000，空气流量测量表型号为 CMG400A080100000。催化燃烧炉内装有三级换热器，可将高温烟气降温排出。电子温湿度仪为 AR847 型号，其测温范围为－10～50℃，温度测量误差为±1℃，湿度测量范围为 5%～98% RH，湿度测量误差为±3%（30%～95%）、±5%（10%～30%）。烟气分析仪为移动式红外烟气分析仪。

在点燃燃烧器之前，要对燃烧器进行 5min 左右的扫吹，防止固体催化剂表面有残留的气体及灰渣。当催化燃烧进行 1h 后，染毒柜中的气体成分基本稳定，将 5 只 CD-1（ICR）型雌性成鼠置入染毒柜，每隔 30min 记录一次实验数据，其中数据内容包括：环境温度、湿度、染毒柜中各组分气体的浓度以及小鼠的健康状况。

经过 4h 的烟气吸入实验后，记录数据，并将小鼠从染毒柜中放出。

## 4.2 天然气催化燃烧烟气对小鼠健康状况的影响

在室内空气温度 21℃、湿度 11.8%和 $O_2$ 含量为 21.09%的环境条件下，所有的小鼠均活动正常，没有任何的异常表现，如图 4-2 所示。

图 4-2 在室内环境中小鼠的活动状态

首先，对备选的五只实验用 CD-1（ICR）型雌性小鼠的健康状态进行评级。评定完实验前小鼠的健康状况之后，检测小鼠所在室内的空气参数，包括：空气温度、空气湿度、空气气体成分。完成这两个步骤后，开始进行催化燃烧反应的准备。

当催化燃烧进行 1h 之后，环境参数趋于稳定，此时染毒柜内的空气环境为通入催化燃烧烟气后新营造的环境。

前 60min 左右，小鼠健康状态始终保持良好，均活动正常，没有任何异常出现，如图 4-3（*a*）所示。从放入的第 90min 左右开始，有部分小鼠出现呼吸急促等症状，并且相较之前的活动状态，在吸入 90min 烟气后活动量开始减少，而这种状态持续到 180min 左右，如图 4-3(*b*)、(*c*)所示。当实验进行到 210min 时，所有的小鼠均出现活动异常情况，呼吸变得急促，五只小鼠的活动状态都转为相对安静的休息状态，一直持续到实验结束为止，没有小鼠出现死亡情况，如图 4-3(*d*)所示。由此可见，催化燃烧烟气对于小鼠的健康状况影响较为缓和，无严重的生理危害(Zhang 等，2015)。

分析在 4h 的试验时间内，染毒柜中的环境参数变化。实验过程中，染毒柜中 CO 和 $NO_x$ 气体浓度变化比较小，相对稳定。随着实验时间的增长，染毒柜中的环境温度不断攀升。这是由于我们此次实验所用的换热器中的冷却循环水随着燃烧时间增长而逐渐升温，导致换热器的换热效率不断减弱，因此排出的催化燃烧烟气的温度也不断上升，导致染毒柜内的温度不断上升。

染毒柜内的湿度随着实验的进行而不断上升。这是由于在催化燃烧反应过程

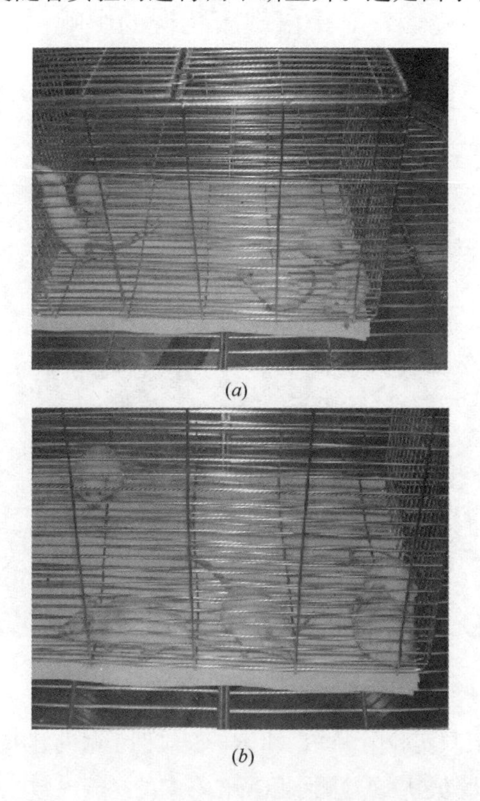

(*a*)

(*b*)

图 4-3　小鼠在染毒柜中的健康状态变化（一）

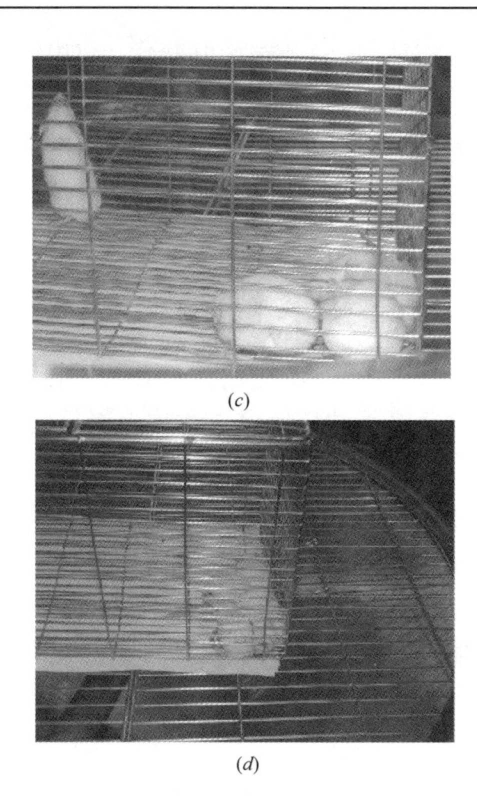

(c)

(d)

图 4-3　小鼠在染毒柜中的健康状态变化（二）

中，不断会有水蒸气产生，水蒸气顺着管道随烟气通入染毒柜内，导致染毒柜内的湿度在实验至 240min 时已经达到了近 80%，而过高的湿度对于小鼠也是有一定影响的。

这 4h 内的氧气及二氧化碳浓度发生变化。氧气的减少及二氧化碳的增多是导致小鼠呼吸急促、昏迷不振的主要原因，由于染毒柜内的氧气浓度远远低于外界空气环境中的氧气浓度，导致小鼠出现缺氧现象，对它们的影响最为严重，但是在这种较为缺氧的环境之下小鼠仍能存活。

实验结束将小鼠取出染毒柜后，在外界空气条件下经过 30min 左右的时间，所有的小鼠均恢复到实验前的状态，实验时的异常状态并没有持续影响它们的健康。

启发性地进行了小鼠吸入天然气全预混普通燃烧烟气的实验，实验装置与催化燃烧实验装置基本相同，但所用燃烧炉为普通燃气炉，即将之前的催化燃烧炉中的镀有铂、铑催化剂的堇青石蜂窝状陶瓷更换为空白堇青石蜂窝陶瓷。

失去了催化剂的吸附活化作用，燃烧炉只能进行带有蓝色火焰的普通燃烧，虽然燃气仍然在堇青石蜂窝陶瓷层上燃烧，但由于没有镀贵金属催化剂，所以不会产生催化燃烧，火焰始终不会消失。

小鼠的健康程度随着实验的进行而急剧衰减。实验进行到 10min 时，已经有小鼠死亡。普通燃烧烟气对于啮齿动物的危害极大，仅用短短 10min 时间就可以造成小鼠的死亡。

表观实验结果，催化燃烧产生的烟气基本对 CD-1 雌性小鼠的健康不产生严重危害，而普通气相燃烧产生的烟气则会对小鼠的身体机能产生极其致命的危害。

## 4.3 天然气催化燃烧烟气对鹅掌柴植物的实验

天然气催化燃烧炉窑排放的烟气中主要是二氧化碳气体和水蒸气，CO、$CH_4$、NO、$NO_2$ 等污染物含量很少，实验后期则达到了近零污染。为了探索对炉窑烟气的利用，首先进行了催化燃烧炉窑烟气对植物的影响研究。面临全球大气 $CO_2$ 浓度持续升高，目前国内外也有不少关于植物对大气 $CO_2$ 浓度升高响应的研究。

实验中选用了一种在热带及温带很常见的植物鹅掌柴，也称鸭掌木、鹅掌木。鹅掌柴植株分枝较多，且枝条紧密。每分枝有 5～8 枚小叶，类似鸭掌。其对生长环境的要求比较低，在温度 20～30℃、空气湿度大、土壤水分充足的情况下茎叶生长茂盛。本次实验使用了四盆生长状况大致相同的鹅掌柴植株。

图 4-4 所示为催化燃烧炉窑与温室装置系统示意图。

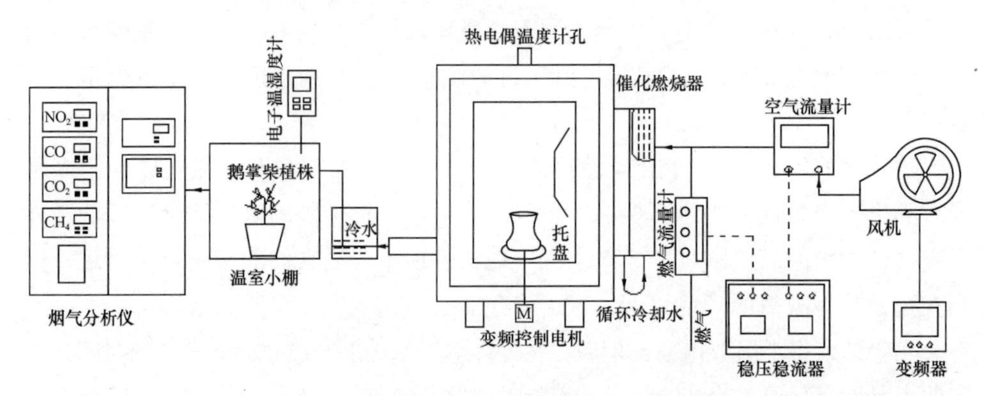


图 4-4　催化燃烧炉窑与温室装置系统示意图

炉窑排气口处部分烟气通过耐高温管道经冷水冷却后通入封闭的温室小棚内。温室小棚是由金属支架构成的长方体，底部放置泡沫保温板，外部用透明塑料包裹，其尺寸为 50mm×60mm×60mm。小棚由三个直径 2cm、长 30cm 的金属管预留气体通入孔及监测孔。测量时将数显温度计与湿度控制仪探头通过小孔置于温室小棚内，实时监测小棚内温度与湿度变化情况；烟气分析仪用来监测温室小棚内 $CO_2$ 变化情况。各仪器具体参数见表 4-1。

**实验所用仪器　　表 4-1**

| 名称 | 型号 | 量程 | 最小刻度 |
|---|---|---|---|
| 烟气分析仪 | 410i（赛墨飞世尔科技公司） | 0～200ppm | 1ppm |
| 湿度控制仪 | XMTD-617（姚仪牌） | 0～100% | 0.1% |
| 数显温度计 | BF-WDJ200C（博福） | 0～100℃ | 0.1℃ |

实验采用对比分析法，首先将四盆鹅掌柴植株分别编号为 1 号、2 号、3 号和 4 号。1 号、2 号两盆植株为对照组，3 号、4 号为实验组；四盆植株的浇水水量、浇水次数以及平时生长环境均相同。实验开始前需测量记录四盆植株的高度，并拍照记录其生长状况。然后将实验组两盆植株放入温室小棚中封闭好，而对照组始终放在室内环境中。启动天然气催化燃烧炉窑正常燃烧，内部放置琉璃瓦，催化燃烧释放的大量热量将催化燃烧炉窑内的琉璃瓦加热。实验进行 4.5h，每隔 10min 记录一次温室小棚内的温度、湿度及 $CO_2$ 气体浓度。实验结束后，再次测量四盆植株的高度，并对比观察两组植物的生长状况，拍照记录。安排每周两次实验，持续进行 3 个月，以更好地了解短期多次通入催化燃烧烟气后鹅掌柴植物的响应情况。

## 4.4　植物对比分析

第一次实验前测量四盆植株的平均高度为 19cm，生长状况基本相同且都没有任何新枝长出。最后一次实验结束后，四盆植株均生长良好。图 4-5 为经过一个月的实验后对实验组与对照组植株的拍照记录情况。

图 4-5 (*a*)、(*c*) 为 3 号（左）、4 号（右）实验组植株，图 4-5 (*b*)、(*d*) 为 1 号（左）、2 号（右）对照组植株。图 4-5 (*a*)、(*b*) 显示了植株的直观生长状况及高度测量情况。测量结果显示，实验组与对照组植株的高度均约为 19cm，较第一次实验前的测量高度没有太大变化。从植株的颜色与外形上观察，两组植

(*a*)

图 4-5　一个月实验后实验组与对照组植株的生长状况对比图（一）

(*a*) 实验组正面；

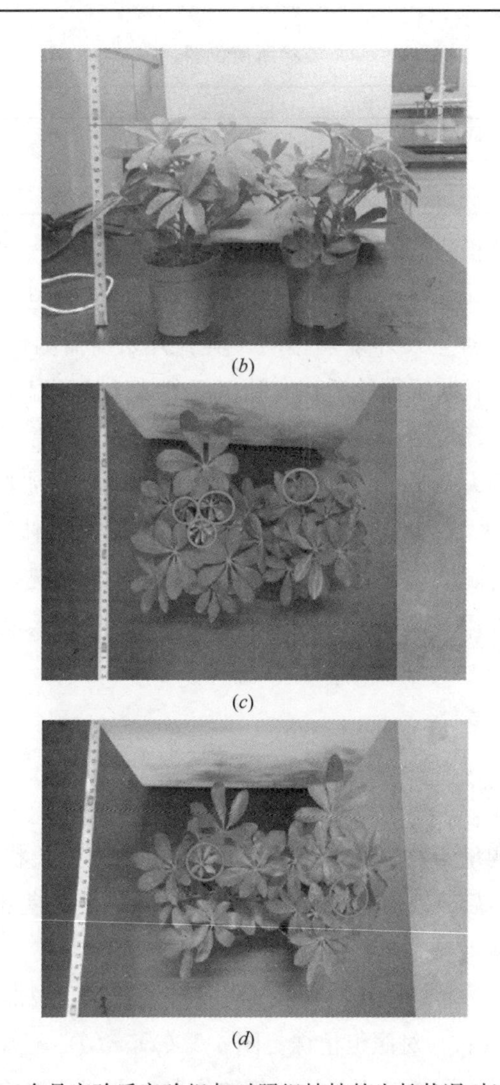

(b)

(c)

(d)

图 4-5　一个月实验后实验组与对照组植株的生长状况对比图（二）

(b) 对照组正面；(c) 实验组俯视；(d) 对照组俯视

株均生长良好，幼叶光亮翠绿、层层重叠，充满生机与活力，并无太大区别。从植株的高度来看，是否通入催化燃烧烟气对于植株的高度生长并无明显影响。图 4-5（*c*）、（*d*）为实验组与对照组植株的俯视照片，可以明显观察到两组植株的新生分枝情况。图 4-5（*c*）中 3 号植株共有 3 个新生分枝，4 号植株有 1 个新枝长出。新枝与老枝相比颜色较浅，为嫩绿色。图 4-5（*d*）中左 1 号植株与右 2 号植株均长出 1 个新枝。从新长出分枝的情况来看，实验组植株比对照组多，可以推测说明在催化燃烧烟气的影响下促进了植株新枝的长出。

图 4-6 为经历 3 个月最后一次实验结束后，实验组与对照组植株的拍照记录情况。

(*a*)

(*b*)

图 4-6　三个月实验后实验组与对照组植株的生长状况对比图

（*a*）实验组；（*b*）对照组

其中图 4-6（*a*）为 3 号（左）、4 号（右）实验组植株，图 4-6（*b*）为 1 号（左）、2 号（右）对照组植株。两组植株高度的测量结果为：实验组植株的平均高度长到接近 30cm，而对照组植株的平均高度为 21cm。实验组植株的高度明显比对照组高出许多。并且通过观察发现：①实验组植株的分枝较对照组更长，且更加茂盛，枝叶的浓密度较高，整体上实验组植株比较丰满；②实验组植株的叶片比对照组较薄，且颜色更浅一些；③实验组植株分枝上出现 3～5 片小叶的现象，而对照组植株分枝仍旧是 6～7 片小叶。这些现象充分说明了鹅掌柴植株在短期多次的催化燃烧烟气影响下的响应结果，实验组植株的生长状况要略优于对照组的生长状况，长势更好（Zhang 等，2017）。

## 4.5 温室小棚内气体环境分析

实验过程中，对照组植株所在的室内环境温度在 26.5～28.5℃范围内波动，而实验组所在温室小棚内温度变化如图 4-7 所示，在 27.5～29.5℃范围内，有小幅度的增长趋势，这主要是因为实验以炉窑开始进行催化燃烧为计时起点，75min 后炉窑门全部关闭，炉窑催化燃烧烟气经冷却后依然比室温要高一些，所以温室小棚内温度略微升高。整个实验过程中，温度变化小，且接近环境温度，对植株生长状况影响不大。室内环境中的湿度在 38%～43%RH，而温室小棚内湿度如图所示在 50%～54%RH 范围内。实验前 75min 湿度缓慢增长，炉窑门关闭之后略微降低。只有小部分烟气被通入温室小棚内，因为烟气中含有水蒸气，所以温度小棚内的湿度相对室内环境中的大。

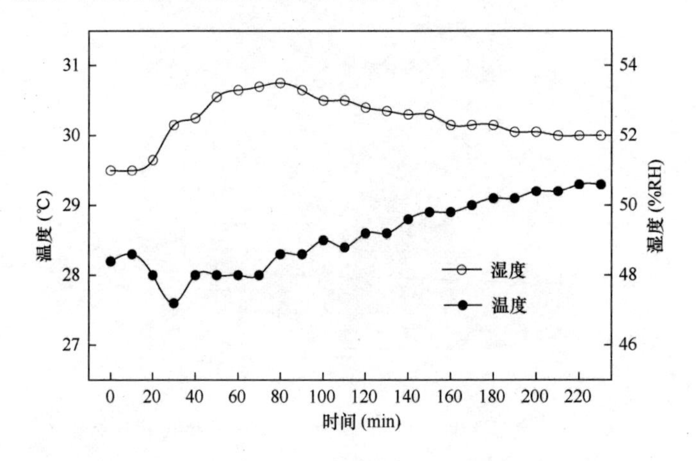


图 4-7 温室小棚内温度及湿度变化曲线

如图 4-8 中温室小棚内 $CO_2$ 浓度随实验时间的变化在 3650～3950mg/m$^3$ 范

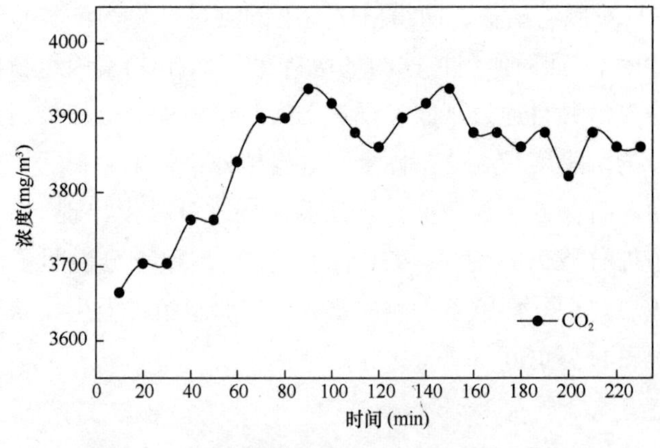


图 4-8 温室小棚内 $CO_2$ 浓度随时间的变化

围内，而室内大气环境中 $CO_2$ 浓度约为 0.03%。实验组比对照组植株增强了 $CO_2$ 的浓度，$CO_2$ 是植物光合作用的底物，短期 $CO_2$ 浓度升高使光合作用增强，促进植物生长。

## 4.6　烟气应用于建筑绿化的可行性探索

洁净的天然气催化燃烧烟气主要成分为二氧化碳和水蒸气，若直接排到空气中会导致二氧化碳的排放增多，如果这些工业建筑中采用了各种建筑绿化方式，可以将天然气催化燃烧烟气或者其他较洁净的烟气通于建筑绿化的植物中，通过绿色植物后再排放到大气中，绿色植物可以吸收部分二氧化碳，将大大减少烟气对大气环境的碳排放量，同时烟气中高浓度的二氧化碳可以促进植物生长，清新空气，改善厂房环境。

建筑绿化就是将建筑配置各种植物，可以在建筑内、外空间进行，对建筑起到美化效果，使建筑与城市绿化融为一体。建设生态城市的重要构成就包括建筑绿化，同时建筑绿化也是绿色建筑的一个方面。现今，建筑绿化在上海、新加坡等地区很受重视，在其他城市也越来越普遍。

目前，建筑绿化的类型主要包括庭院绿化、屋顶绿化和垂直绿化。庭院绿化需要巧妙的布局技巧，形成空间院落。庭院中可以有供人休息、进行室外活动的场所，用植物来造景，还可设置山水、亭子等建筑小品进行装饰，布局合理美观，对建筑起点缀作用。创造了放松、休闲、亲近自然的生活气氛，让身在其中的人们有回归自然之感，同时还有改善生态环境的效果。

屋顶绿化是对建筑的屋面、天台利用绿色植物进行造园，也是一种新型的不接触大地土壤的绿化方式。常用屋顶花园与搭棚架形式进行方案设计，可种植草坪、花坛。屋顶绿化将原本枯燥的屋面，变成充满生机的绿色，增加了整个城市的立体景观。不仅营造出一种惬意、富有情趣的美，而且可以对建筑起到隔热、保温、隔声的作用。缺点是屋顶承载力有限，绿化过程中需要配置合适的植物，注意屋面防水，以安全为首要条件。

垂直绿化通常指的是在建筑的不同立面上（墙面、栏杆、围墙、棚架）来进行绿化。这种绿化形式占地面积小，非常适合在密集的工厂、住宅等区域应用，可以改变整个建筑的视觉效果。垂直绿化有自然和人工两种方法，一种是在建筑的墙根处种植爬山虎、凌霄等具有吸盘的藤蔓植物，任其沿墙攀爬，自然生长。这种方法不需要任何人工辅助措施，栽培简单，管理粗放，成本低廉。另一种人工方法是通过培养基盘、建造框架等，将植物生长场所固定在墙上。这种方法的优点是造型丰富，但管理起来不那么容易，而且造价比较高。

目前建筑绿化的广泛应用仍面临着一些问题：①由于各级城市绿化管理机构缺少对建筑绿化制定相关标准等硬性规定，并且建筑绿化不能带来直接的经济、环境效益，所以城市管理人员、建筑设计及使用人员缺乏对建筑绿化的积极性；②技术不成熟，建筑绿化真正的实施很困难，缺乏统一、详细的规划与管理；③一直以来建筑绿化的应用场合一般为住宅建筑、办公建筑等，而在工业建筑或工业厂房中很少考虑。

## 4.7 工业建筑绿化应用可行性讨论

因生产工艺和性质各有不同，工业建筑有不同的空间组织形式。但从整体上看，一般的工业建筑都具有内部空间尺度大、组合简单、生产设备庞大、生产连续性强等特点。之前人们多把工业建筑看成单纯的劳动场所，设计过程只是考虑了生产设备。随着社会的发展，工业厂房的设计开始倾向于以人为本的主题，逐渐重视工人对厂房环境的感受与适应能力，尽量使建筑内的生产环境给人以亲切感，具有安全性与舒适性。这样一来，工人的生活环境质量好了，工作效率自然会大大提高。另一方面，像许多美观的办公建筑、公共建筑一样，工业建筑也可以从外部适当采取绿化措施，使其更有活力。

对于厂房内部空间环境的设计可以采用装饰性绿化和建筑小品的形式，不仅在心理上给人以舒适的感觉，加强人与自然环境的联系，在生理方面也可以改善内部小气候，如防止阳光直射、净化空气等。具体可在建筑物内的一个独立空间中布置人工绿化点，起内部绿化和公共小庭院的作用。对于厂房外部可以设计绿墙，可节省空间资源、净化环境，同时还起到隔声、除尘的作用。

将工业建筑内天然气催化燃烧烟气或其他洁净的烟气通入到绿化植物中，考虑到烟气中含有大量的二氧化碳气体，应排放到室外环境中，在工业厂房外部采用墙面的垂直绿化（绿墙）设计较适合。

以工业厂房中一面 5m×4m 的外墙为例，分别设计采用框架牵引式和模块式垂直绿化系统以及各自的烟气系统。其中框架牵引式如图 4-9 所示，烟气在绿化系统中的布置方式为：以金属网牵引植物向上生长，烟气管道贴金属网下方布置。

模块式垂直绿化系统如图 4-10 所示，为条形的植物墙。基盘用挂钩固定于金属框架上，每一基盘的尺寸为 0.5m×0.5m，共由 80 个基盘组成。植物构成有鸭脚木、黄金叶、鸢尾。自动排水系统置于上下两排基盘之间。烟气系统管道为硬质塑料管，主管道布置在左侧，支管也布置在上下两排基盘之间。

随着经济的快速发展和我国人口的增加，城市建筑越来越密集，可用的绿地

图 4-9　框架牵引式垂直绿化墙

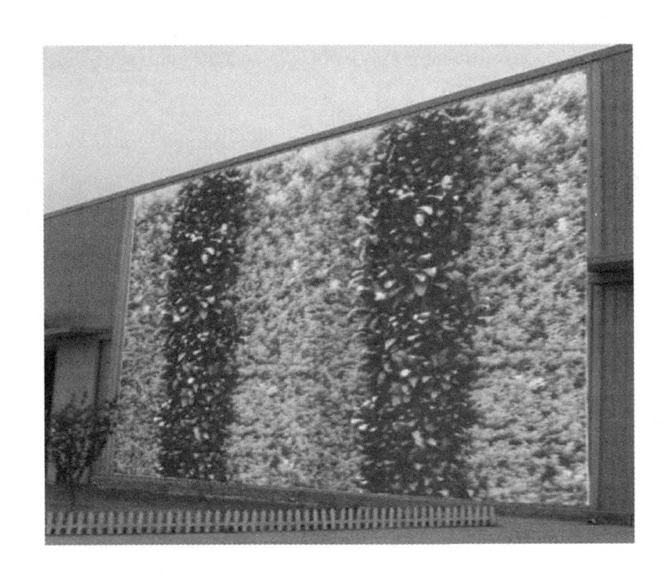

图 4-10　模块式垂直绿化墙

面积越来越少，地面板结现象日益严重。通过建筑绿化改善人居环境是一种趋势，绿色建筑是发展方向。工业对于国民经济的增长起到巨大的作用，占有举足轻重的地位。将建筑绿化应用到工业建筑中，同时充分利用天然气催化燃烧节能减排的优势在工业领域内扩展，利用部分催化燃烧烟气中的二氧化碳进行光合作用，不仅可以促进植物的生长，也将对碳排放及大气污染的减少起到重要的作用（贾方晶，2017）。

## 4.8　结论

催化燃烧技术就是一条走“低碳化”道路的捷径，随着天然气所占能源比重逐渐上升，人们对天然气催化燃烧技术的特性及应用的研究愈发重视，通过对催化燃烧与气相燃烧烟气成分的研究了解到，天然气催化燃烧方式具有高效的燃烧效率和近零污染排放的双重优势，这些对于发展低碳能源战略具有重要的意义。并且，为了人类的健康以及生态环境的平衡，发展催化燃烧技术均能够满足生态与节能的要求。

## 参考文献


[1] 贾方晶．天然气催化燃烧炉窑辐射特性及其烟气应用研究[D]．北京：北京建筑大学，2017.

[2] Zhang R Fang K，Zhang S H. Biological responses in mice exposed to exhaust gas of catalytic combustion and conventional combustion：Based on analysis of large amounts of data comparison. 2015，8.

[3] Zhang S H，Jia F J，Zhang R. STUDY ON THE CHARACTERISTICS OF CATALYTIC COMBUSTION FURNACE OF NATURAL GAS AND INFLUENCE OF ITS EXHAUST GAS TO PLANT. Frontiers in Heat and Mass Transfer[J]. 2017.

# 第5章　天然气催化燃烧炉窑烧制品的特性和应用

天然气催化燃烧炉窑是针对普通工业炉窑的弊端，以及充分利用现代催化燃烧技术的优势，将催化燃烧和工业炉窑相结合研发而成。天然气催化燃烧炉窑的传热方式主要以辐射传热为主，催化剂独石表面的辐射换热量较大，提高了烧制质量，同时烧制时间相较传统的炉窑烧制琉璃时间大大缩短，节省了燃料的消耗。通过实验并与传统陶器烧制工艺的对比研究发现，催化燃烧炉窑适用于陶器的烧制，烧成的陶器成品表面细腻且充满质感，具有很高的艺术价值。通过将天然气催化燃烧炉窑烧制的陶器应用于河水的净化过程，得出陶器对河水有明显的净化作用，并且整个过程中无须添加任何药物，这对今后陶器在净水方面的发展有一定的参考价值。

## 5.1　天然气催化燃烧炉窑烧制的陶器及其对水的净化作用

古代，陶器常被当作生活用品。陶器的使用极大地改善了人类的生活条件，增强了人类体质及适应与改造自然的能力。陶器的原料通常是黏土类矿物，经过手捏、轮制、模塑等复杂方法加工成型后，在800～1000℃的高温下焙烧而成。陶器的坯体不透明，坯体内侧布满孔隙，孔隙具有吸水的特性。传统陶器烧制工艺大多是使用电烧或用煤炭或煤气为燃料的炉窑烧制，如今由于大气污染日益严重，人类的健康受到严重威胁，这种传统的燃烧方式因其污染大、燃烧效率低、能源浪费高等弊端受到了一定的限制，天然气催化燃烧技术在这种形式下应运而生，燃烧器表面产生很高的热辐射向陶器传递热量，使陶器表面充分均匀受热，同时达到节能环保的效果。

随着生活质量的提高，生产、生活污水大量排放，给自然环境带来沉重的负担，水污染越来越引起人们的重视。水污染恶化水质，不仅给地表水环境，还包括土壤、地下水、近海海域甚至大气等相关的生态环境造成很大影响，并且会影响饮水安全和农产品安全，最终威胁人体健康，世界淡水资源越来越匮乏，人类正面临着严重的水危机。因此，需要采取有效的措施对水环境进行治理。

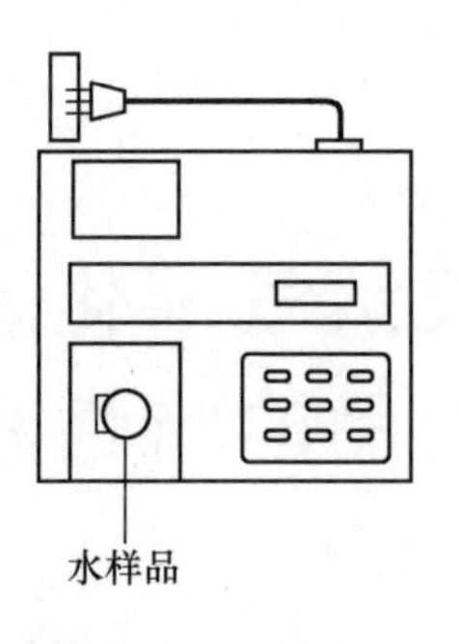


图 5-1　浊度仪

图 5-1 是本次实验所用的浊度仪，型号是 WGZ-200A。WGZ-200A 浊度仪是测定不溶性微粒悬浮在水中或在透明液体中产生的光的散射，以及定量测定这些悬浮颗粒物质的含量。通常情况下，溶液越浑浊，浊度越高。

图 5-2 为用天然气催化燃烧炉窑烧制的陶器，从图中可以看出烧制的陶器成品外观光滑整洁、细腻且充满质感，造型优美，充满了古色古香的气息。

图 5-2　天然气催化燃烧炉窑烧制的陶器成品

实验分 3 组进行。3 组实验的外界环境完全相同，区别在于河水在容器中静置的时间不同。第 1 组实验取 200mL 河水分别放入陶器、瓷器和水泥小碗中静置，静置时间为 2d；第 2 组实验取同样的河水样品放入 3 种容器中静置，静置时间为 3d；第 3 组实验取同样的河水样品放入 3 种容器中静置，静置时间为 4d。每一组静置时间结束后，即开始对 3 种容器中的河水样品进行浊度的测定，需要注意的是，每次取试样进行测定之前，都要进行摇匀操作。

将天然气催化燃烧炉烧制的陶器作为实验组，白色的瓷杯和水泥小碗作为对照组。实验所用河水样品取自北京某河流。

图 5-3 为所取的原水样及 4d 后陶器中的水样。通过与原水样进行对比，肉眼可以观察到 4d 后陶器水样中的悬浮颗粒几乎全部消失，水质变得清澈透明（张世红等，2018）。

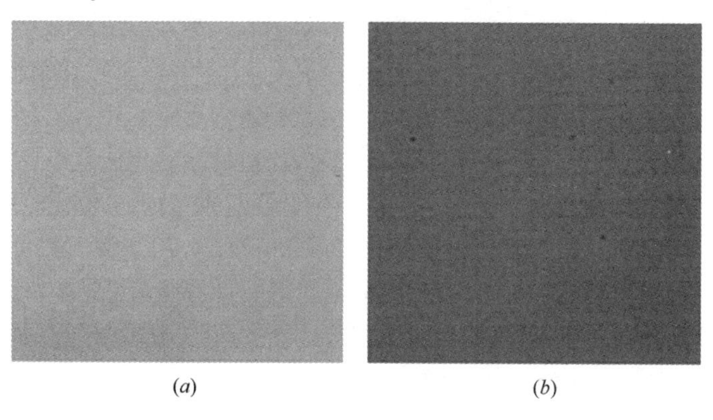

(*a*)　　(*b*)

图 5-3　水样对比图

（*a*）4d 后陶器中的水样；（*b*）所取原水样

图 5-4 为河水样品分别在陶器、瓷器和水泥小碗中静置不同天数浊度的变化情况。经测定，河水样品的浊度为 5.9NTU。图 5-4（*a*）为河水样品在三种容器中静置 2d 的浊度变化曲线，从图中可以看出，陶器中样品的浊度值变化最为明显，从 5.9NTU 下降到 3.5NTU 左右，瓷器中样品的浊度值无明显变化，水泥小碗中样品的浊度值有较小的变化；图 5-4（*b*）为河水样品在三种容器中静置 3d 的浊度变化曲线，从图中可以看出，陶器中样品的浊度值已经降到 2.5NTU 左右，瓷器中样品的浊度值与第 2 天基本一致，水泥小碗中样品的浊度值较第 2 天有微小的变化；图 5-4（*c*）为河水样品在容器中静置 4d 的浊度变化曲线，从

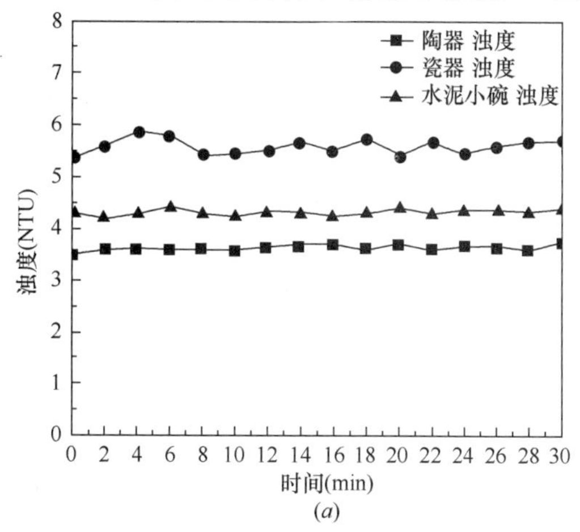


(*a*)

图 5-4　三种容器中河水样品静置 2、3、4d 的浊度变化情况（一）

（*a*）三种容器中河水样品静置 2d 的浊度变化情况；

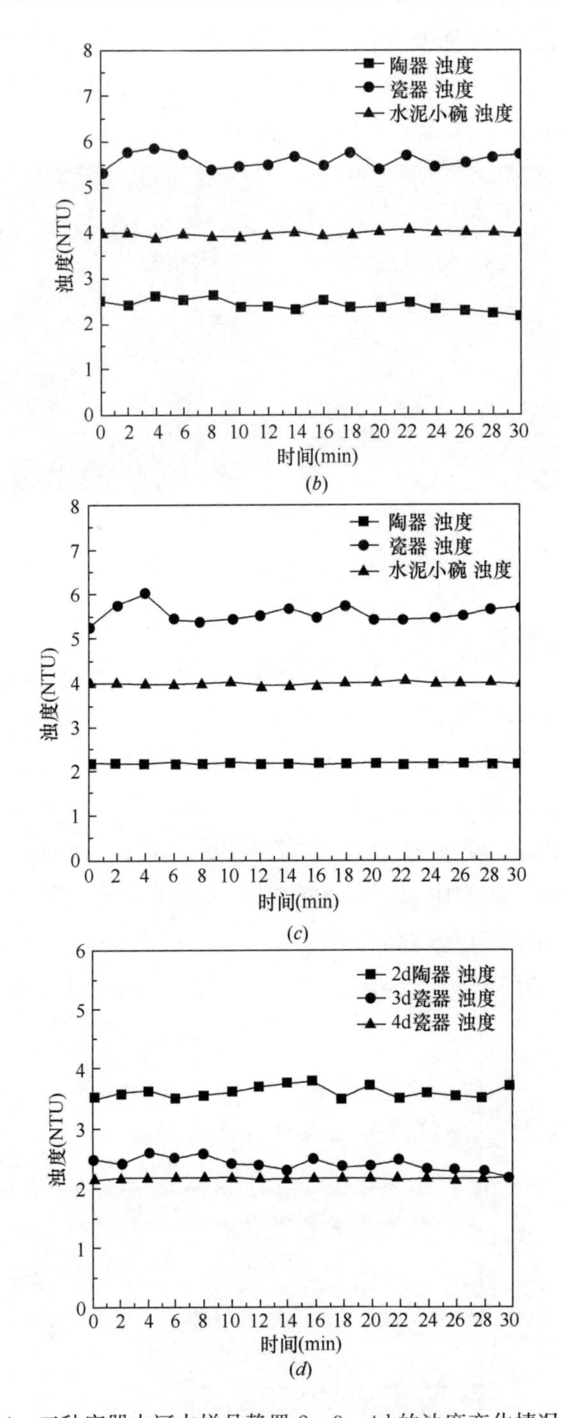


图 5-4　三种容器中河水样品静置 2、3、4d 的浊度变化情况（二）

(*b*) 三种容器中河水样品静置 3d 的浊度变化情况；(*c*) 三种容器中河水样品静置 4d 的浊度变化情况；

(*d*) 陶器中河水样品静置不同时间的浊度变化情况

图中可以看出，陶器中样品的浊度值基本稳定在2.2NTU，瓷器中样品的浊度值无明显变化，水泥小碗中样品的浊度值与第3天相比无明显变化；图5-4（*d*）为河水样品在陶器中静置2、3、4d的浊度曲线，从图中可以看出，河水样品的浊度值在第2天时发生了明显变化，第3天时迅速下降到2.5NTU，第4天时发生微小变化，浊度值下降到2.2NTU，并且基本稳定、保持不变。

通过对陶器、瓷器、水泥小碗中河水样品的浊度测定以及对比分析得出，催化燃烧炉烧制的陶器所呈现的多孔结构，对河水中的中小形颗粒有显著的吸附作用。由此可得出结论，陶器对河水有很好的净化作用，可作为一种新型水处理吸附材料，在降低吸附成本和节约资源等方面发挥着重要的作用，有望发展成为非常有前途的新型净水材料。

## 5.2 天然气催化燃烧炉窑烧制琉璃瓦装饰性分析

中国早在南北朝时期就在建筑上使用琉璃瓦件作为装饰物，流光溢彩的琉璃瓦是汉族传统建筑物件，通常施以金黄、翠绿、碧蓝等彩色铅釉，因材料坚固、色彩鲜艳、釉色光润，一直是建筑陶瓷材料中流芳百世的骄子。

琉璃构件作为中国古代建筑的重要组成单元，对中国建筑发展史有重要贡献。琉璃工艺是民间传统工艺之一，其中琉璃瓦以陶为胎，通常施以金黄、翠绿、碧蓝等彩色釉后，入窑烧制而成。现今，随着城市现代化的飞速发展，许多民间文化、技艺受到时尚化、商业化的冲击而逐渐消失、失传。如今，故宫内作为国宝级文物的琉璃瓦伴着岁月的逝去出现大量釉面剥落的情况，更增加了研究、保护古代建筑艺术、民间文化遗产的紧迫感。

现存的九龙壁，九条浮雕琉璃龙栩栩如生地腾跃在蓝绿水云之上，造型精巧，气势宏伟，堪称世界建筑艺术的杰作。近年来建筑业、旅游业蓬勃发展，一些具有浓郁民族传统风格的古建筑，如亭、台、楼、阁、殿等名胜古迹得到修复，以及新型建筑、园林、别墅的兴起，都要用琉璃这一传统建筑材料来进行装饰，使其又焕发了青春，需求量日益增加。然而琉璃传统坯窑烧制使用烟煤或木柴，不仅极易浪费燃料，而且排放的二氧化碳及有害气体严重超过国家标准，因此，传统琉璃制品要想生存下去，必须要改进烧制技术，以减少甚至消除对空气的污染。

但是，长时间以来，随着社会对琉璃制品的需求扩大，出现了由于原料紧缺、釉料配比混乱和设备不先进等而使琉璃制品的发展受限的状况，因此，研究人员正在积极寻求方法以缓解琉璃制品的这种困境。然而到目前为止，对琉璃制品研究中，在烧制设备方面的研究较少，对于琉璃制品而言，烧制工艺中的工具因素十分重要，提高工作效率的生产工具会对技艺有积极的影响作用，方便手艺人操作，并且节约成本。

琉璃是艺术花园中一朵争芳斗艳的奇葩。随着全国各地非物质文化遗产保护工作的开展，琉璃作为文化资源逐步被重视，如何进一步弘扬和发展琉璃文化，使之更加适应现代生活，首先在理论上急需进行深层次的探讨。对于琉璃工艺品而言，烧成工艺是所有陶瓷类生产的核心技术之一，也是在整个陶瓷生产中最难控制的部分。影响烧成质量的因素很多，例如当时当地的温度、湿度、气压、窑炉气氛变化等，但是最关键的是烧成温度和烧成曲线的控制，这些因素综合起来，最终决定了这一窑产品的质量好坏。

催化燃烧炉窑采用了完全预混的燃烧方式，实现了天然气和空气在炉内的高度混合，整个燃烧器的气流更加均匀稳定，对温度的把握性较好，将其应用到琉璃的烧制中去，为琉璃的加工工艺提供了一条新的思路。

琉璃制品是我国古代较高档的建筑材料，大多用来装饰皇家和官宦贵人的住所。图 5-5 是催化燃烧炉窑烧制的黄色和蓝色琉璃瓦成品，坯体来自天津圣杰琉璃瓦厂，入窑烧制，控制烧制最终温度在 900℃左右。

图 5-5　天然气催化燃烧炉窑烧制的琉璃瓦成品

从外观上看，催化燃烧炉窑烧制的琉璃瓦釉面平整光亮、形状完好，颜色纯正，瓦件造型大方，纹饰清晰明快、线条流畅。在中国的传统文化里，“象”与

"祥"字谐音，古人云"太平有象"寓意"吉祥如意"和"出将入相"，以象作为吉祥物制作成琉璃工艺品，被赋予了生命，生动活泼，规整清晰，彼此咬合一致，在太阳光的照射下闪闪发亮、独具特色，装饰效果较强。

## 5.3　实验法测定琉璃瓦成品主要实用性能

### 5.3.1　吸水率

试样的吸水率即试样充分吸收水的质量与试样充分干燥后的质量之比。吸水率主要用于判定琉璃瓦制品的烧结情况。其数值不能过大，过大说明瓦胎烧结程度不好、机械强度不高、坯体不致密、较易破损。影响其大小的主要因素有坯料配方、烧成温度与保温时间等。

通常采用浸泡的方法测定吸水率。首先称出试样质量，然后将试样放于清水（15～25℃）中24h，之后称出试样充分吸水后的质量，再计算吸水率的值。一般规定，琉璃制品的吸水率不超过12%。

首先将分别取出的各琉璃瓦试样$B_1$、$B_2$、$C_1$、$C_2$擦拭干净，放置在110±5℃的烘箱中，将含有的水分烘干，24h后取出，称量其干燥质量$m_0$。将干燥后的试样垂直浸没在15～25℃的清水中，使水面高出试样约50mm，24h后取出，并迅速用湿布擦干，称量吸水后的质量$m_1$。按式（5-1）计算吸水率：

$$吸水率(\%)=(m_1-m_0)/m_0\times100\% \tag{5-1}$$

### 5.3.2　抗冻性

琉璃制品主要在室外建筑中使用，尤其是冬天，长时间的低温作用对其损害较大，因此要求其有较强的抗冻性能。

抗冻性的测定方法如下：将取得的天然气催化燃烧炉窑和电炉分别烧制的琉璃瓦成品试样$B_1$、$B_2$、$C_1$、$C_2$以自然干燥状态下浸入水（15～25℃）中24h，取出后放入冷冻箱（－20±3℃）的试样架上，关上冷冻箱门，保持3h，取出后马上放入水（15～25℃）中使其融化3h，此过程作为一个循环。这样循环15次后，检查并记录试样的破损情况。标准规定，15次循环完成后，琉璃瓦制品不应出现开裂、剥落、起鼓等现象。

### 5.3.3　耐急冷急热性

琉璃制品能经受住温度的不同变化下而不被破坏的性能为耐急冷急热性。琉璃瓦多裸露于环境中，要经受不同的天气，没有良好的耐急冷急热性能是不行的。因此从实用性上讲，测定琉璃瓦的耐急冷急热性十分必要。

将试样 $B_1$、$B_2$、$C_1$、$C_2$ 放入预先升温到 150℃的烘箱试样架上，关上烘箱门。当烘箱温度再次达到 150℃计时开始，并保持此温度 45min 左右。之后取出试样立即浸入水槽中，用流动的冷水对其进行迅速冷却，冷却时间为 5min 左右，此过程作为一次测定流程。3 次这样的流程完成后，检查并记录试样在三次测定过程中出现的破损情况。标准中规定，测定全部完成后，试样釉面不应出现裂纹、脱落等现象（魏美仙，2018）。

### 5.3.4 琉璃瓦性能检测结果

经过对天然气催化燃烧炉窑和电炉烧制的琉璃瓦成品试样的吸水率、抗冻性和耐急冷急热性能的检测，测定结果如表 5-1 所示：

琉璃瓦试样性能测定结果 表 5-1

| 试样 | 吸水率（%） | 抗冻性 | 耐急冷急热性 | 观察结果 |
|---|---|---|---|---|
| $B_1$ | 6 | 15 次通过 | 3 次通过 | 没有出现损坏 |
| $B_2$ | 6.3 | 15 次通过 | 3 次通过 | 没有出现损坏 |
| $C_1$ | 9.2 | 10 次通过 | 3 次通过 | 抗冻性第 11 次，出现剥釉 |
| $C_2$ | 8.1 | 11 次通过 | 3 次通过 | 抗冻性第 12 次，出现剥釉 |
| 国标 | ＜12 | 15 次通过 | 3 次通过 | |

通过表 5-1 的测定结果可知，天然气催化燃烧炉窑烧制的琉璃瓦成品的吸水率较低，而吸水率较低的琉璃瓦其适用范围更广，不仅能在南方地区广泛使用，而且对于北方寒冷的气候同样适用。耐急冷急热性能两种炉窑烧制的琉璃瓦均满足，而对于抗冻性来讲，电炉烧制的琉璃瓦没有很好地抵抗住低温的考验，出现了不同程度的剥釉现象。而天然气催化燃烧炉窑烧制的琉璃瓦制品则经受住了考验，具有实用价值，如图 5-6、图 5-7 所示。

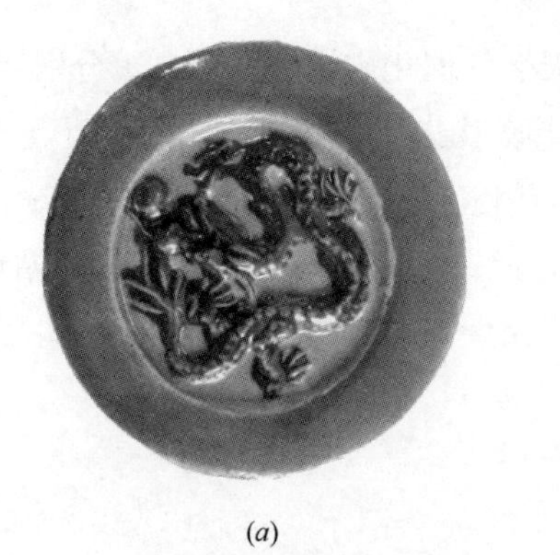

(a)

(b)

图 5-6 天然气催化燃烧炉窑烧制琉璃瓦成品性能测定结果

(a) $B_1$ 试样；(b) $B_2$ 试样

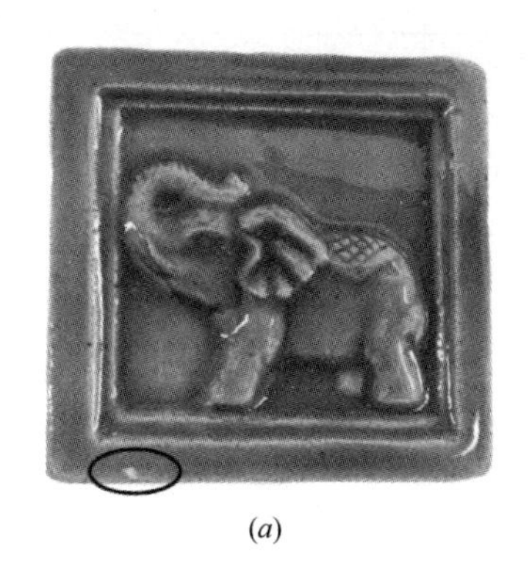

(a)

(b)

图 5-7　电炉烧制琉璃瓦成品性能检测结果
（a）$C_1$ 试样；（b）$C_2$ 试样

## 5.4　室外暴露法测定天然气催化燃烧炉窑琉璃瓦成品性能

通过直接试验测定了天然气催化燃烧炉窑烧制的琉璃瓦成品的吸水率、抗冻性、耐急冷急热性等主要性能，满足实用要求。然而，一些使用在古代建筑上的新烧制琉璃瓦件虽然在使用前通过了相关的质量检验，但在使用过程中却没能很好地经受住实地环境条件的检验，导致出现了不同程度的损坏状况。因此，本试验又实地考察了其性能，将琉璃制品放置于室外环境中，观察其随天气、气温不同变化时该试样的性能情况。这种方法的好处是没有附加任何人为条件，其结果能真正反映出试样对环境变化的抵抗能力。由于室外建筑琉璃瓦最重要的物理性能之一是其抗冻性能，因此本实验只记录了冬季暴露期间室外的温湿度，并观察琉璃瓦成品的表面情况。

如图 5-8、图 5-9 所示，记录了冬季 12 月～次年 3 月的温、湿度变化，其中温度值取当天的最高温和最低温的平均值，湿度即为每天的平均湿度。可知，四个月中最高温为 7℃，最低温达－5℃。而且每个月的温度波动较明显，忽高忽低，变化较大，而催化燃烧炉窑烧制的琉璃制品在经历不同天气温度变化后更能真实反映出其性能情况。同时，12 月～次年 3 月的空气湿度波动也较明显，在 10％～70％范围内变化，空气中的水分子被釉面吸附，形成水分子层，这些水分子进一步与釉面发生反应，釉面会被侵蚀而产生蜕变、开裂、脱落等现象，因此空气湿度变化对琉璃制品也有较大危害。由于实际情况的限制，本书只侧重分析了冬季不同温度、湿度对琉璃瓦的影响，但是室外暴露法的实验并没有停止，经历不同程度的温湿度变化后，到目前为止，催化燃烧炉窑烧制的琉璃制品完好无损，釉色无明显色差。

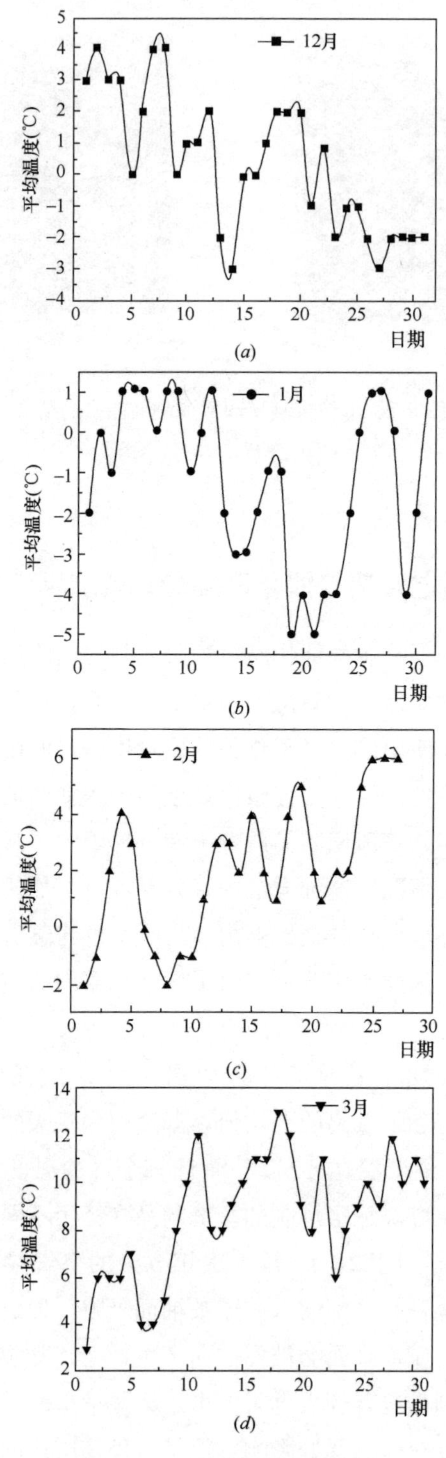


图 5-8　室外温度变化曲线图

(a) 12月；(b) 1月；(c) 2月；(d) 3月

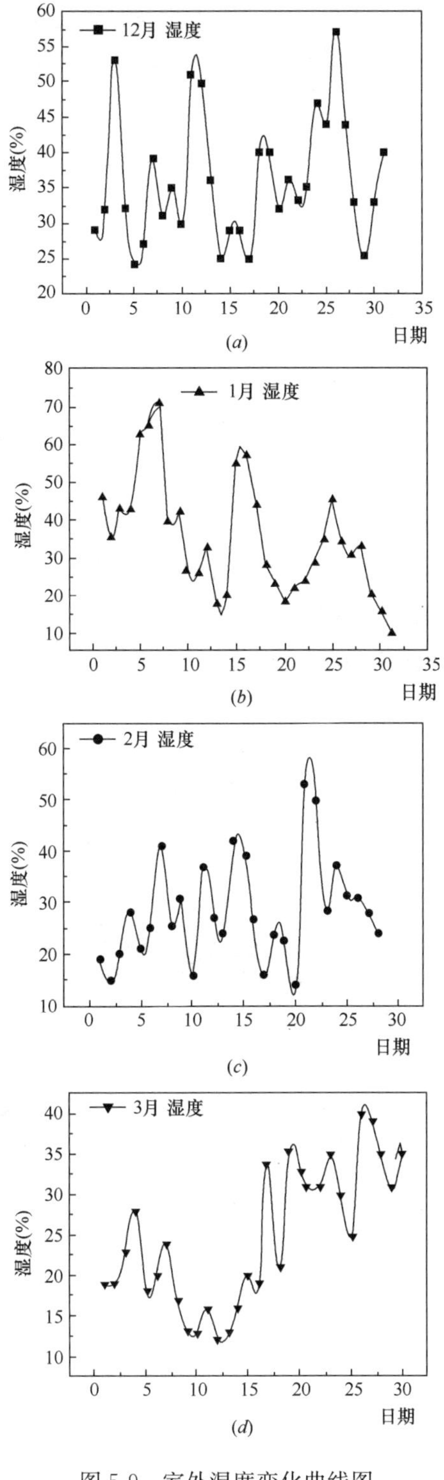


图 5-9　室外湿度变化曲线图

(*a*) 12 月；(*b*) 1 月；(*c*) 2 月；(*d*) 3 月

因此，由以上测定结果可知，无论是采用直接评定法还是室外暴露法测定天然气催化燃烧炉窑烧制的琉璃瓦的性能情况，琉璃瓦均完好无损，没有出现损坏情况；而电炉烧制的琉璃瓦在直接评价法的抗冻性检测中却出现了不同程度的剥釉现象。因此，从这方面来讲，天然气催化燃烧炉窑烧制出的琉璃瓦实用价值更高，将其应用到建筑的装饰、修缮等工程中具有可行性（Zhang 等，2018）。

## 5.5 天然气催化燃烧炉窑烧制的琉璃瓦在建筑中的应用探索

建筑琉璃制品在我国具有悠久的历史，是极具东方特色的建筑材料，在古代，建筑琉璃制品是帝王将相和富贵人家专用的奢侈品，是富贵权利的象征。然而改革开放以来，人民的生活水平大幅度提高，人均居住面积也逐渐变大，使我国房地产业蓬勃兴起，带动了建筑材料的快速发展，而琉璃瓦具有坚固、持久、耐用等优良的使用性能，以及浓郁的传统民族装饰风格，使其在传统建筑和新型建筑中均得到广泛的应用，这种建筑材料的需求量在近几年中倍增。其中常见的北京新图书馆、钓鱼台国宾馆等建筑均使用建筑琉璃作为装饰材料，风格独特。

北京故宫、天坛等建筑群不仅具有浓郁的东方特色，其思想内涵表现力也较为丰富，主要因使用了琉璃装饰而显得富丽堂皇，更是远近闻名于世界建筑史。尤其是皇极门前的九龙琉璃壁（图 5-10），堪称艺术琉璃的珍品。整座照壁有三种形态，坐龙、升龙、降龙为照壁塑造出了凹凸不平的立体感，而且纹理复杂，堪称我国的瑰宝。

图 5-10　紫禁城九龙壁

然而现代琉璃大多采用古法烧制，位于北京门头沟区曾有着“中国皇家琉璃之乡”美誉的龙泉镇就一直延续着古法烧制琉璃，采用的是传统的燃烧方式。造成了大量污染，在一定程度上限制了琉璃的发展。因此，基于此现象，需要考虑如何在改变传统燃烧模式的同时，还能充分发挥出建筑琉璃强大的装饰性，而天然气催化燃烧具有完全燃烧、节约能源和近零污染等特性，相对于普通燃烧优势显著，而且在供热、食品加工、炉窑等行业中均有应用。同时实验证明天然气催化燃烧炉窑烧制出的琉璃瓦成品不仅具有较强的装饰效果，而且实用性能指标也满足要求，因此将天然气催化燃烧炉窑应用到琉璃瓦的烧制中，来缓解当今琉璃烧制的困境，是一条可行之路。

琉璃制品通过装饰建筑，给人们传达且渗透了古代建筑浓郁的历史文化和底蕴，而且在古建修复工程中也发挥着较大作用。图 5-11 所示为历史古迹的修建，修缮过程中需要使用大量的琉璃制品。

图 5-11　历史古迹

图 5-12 为传统建筑，在保证原汁原味的同时完整保存了古代建筑的历史文化气息。因此，不管是将琉璃作为建筑材料对建筑环境进行装饰，还是引入到现代建筑、古建修复中，都发挥出了其独特的魅力。尤其是近几年来，不仅将琉璃制品应用到建筑装饰中，还应用到了古建筑、仿古建筑修缮工程中，使琉璃制品受到了大众的广泛青睐，将琉璃制品推向了一个新的高潮。

然而，现代传统炉窑烧制琉璃制品的弊端在一定程度上限制了琉璃的发展，引发了科技工作者的思考，如何在满足当今节能减排发展政策的情况下，又能使琉璃制品快速稳定的发展。而现代催化燃烧技术相对于传统的烧制方法有更高的优势，科技工作者将其和炉窑结合，研发出的天然气催化燃烧炉窑，不仅能完全燃烧燃料，而且污染物浓度低，具有节能环保的特性，烧制出的琉璃也可以和传统的相媲美，对传承和保护古建筑群，探究将其应用到琉璃烧制中的可行性，同

图 5-12　传统建筑

时发挥催化燃烧特色和优势具有一定的研究意义。

## 5.6　结论

通过研究天然气催化燃烧炉窑烧制陶器，并把陶器应用于净水过程中，得出陶器对河水有明显的净化作用，这对今后陶器在净水方面的发展有一定的参考价值。

市场对建筑琉璃制品日益扩大的需求，以及当今炉窑的弊端，使得我们急需要发展新的绿色环保的烧制工具，以保持建筑琉璃更快更好的发展。而天然气催化燃烧炉窑则为此提供了新的尝试，其烧制出的建筑琉璃制品经实验测定，主要指标满足要求，而且烧制过程排放少、污染低、节能环保性好。经过和当今烧制琉璃的炉窑各方面进行对比分析可以看出，天然气催化燃烧炉窑均具有一定的优势，因此将天然气催化燃烧炉窑应用到建筑琉璃的烧制中，使其为建筑服务，具有一定的研究价值。

## 参考文献

[1]　张世红，白天宇，魏美仙．天然气催化燃烧炉窑温度的研究及应用[J]．北京建筑大学学报，2016，32(4)：28-32.

[2]　张世红，杨慧．天然气催化燃烧炉窑烧制的陶器及其对水的净化作用研究[J]．北京建筑

大学学报，2018，34(1)：42-47.

[3] 魏美仙．天然气催化燃烧炉窑节能特性及其应用的研究[D]．北京：北京建筑大学，2018.

[4] Zhang S H, Wei M X, Yang H. STUDY ON FLOW AND TEMPERATURE BEHAVIOR OF CATALYTIC HONEYCOMB MONOLITH COMBUSTION FURNACE OF NATURAL GAS TO PROPERTIES OF GLAZED TILES[J]. Frontiers in Heat and MassTransfer. 2018.